行走的厨房
鱼菲◯著
旅途中“菲”尝不可的味道
机械工业出版社
CHINA MACHINE PRESS

本书内容分为西塘、成都、厦门、苏州、乌镇五章，通过作者的亲身经历，记录了五个曾经行走过的地方，探寻当地的美食与食材，并将它们焕然一新地搬上餐桌。在每章后的“菲尝食谱”单元里，还图文并茂地讲解了如何亲手做出前面介绍过的美食味道。边游边做，让读者们在旅途中也能学到精彩的厨艺。

本书由著名80后美食达人鱼菲所著，文字轻松优美富有情趣，厨艺讲解更是专业精当，对广大热爱旅游更热爱DIY美食的读者大有裨益。

图书在版编目（CIP）数据

行走的厨房：旅途中“菲”尝不可的味道 / 鱼菲著.
-- 北京：机械工业出版社，2013.11
ISBN 978-7-111-44602-6

Ⅰ.①行… Ⅱ.①鱼… Ⅲ.①饮食－文化－中国 ②菜谱－中国 Ⅳ.①TS971 ②TS972.182

中国版本图书馆 CIP 数据核字（2013）第256620号

机械工业出版社（北京市百万庄大街22号 邮政编码100037）
责任编辑：于 雷 版式设计：张文贵 佐飞（插画）
责任印制：杨 曦
保定市中画美凯印刷有限公司印刷

2013年11月第1版·第1次印刷
182mm×212mm·12.25印张·163千字
标准书号：ISBN 978-7-111-44602-6
定价：38.80元

凡购本书，如有缺页、倒页、脱页，由本社发行部调换

电话服务
社服务中心：（010）88361066
销 售 一 部：（010）68326294
销 售 二 部：（010）88379649
读者购书热线：（010）88379203

网络服务
教材网：http://www.cmpedu.com
机工官网：http://www.cmpbook.com
机工官博：http://weibo.com/cmp1952

代序

我的“粉丝”们经常在我搞活动前这么说：“哎哟，弗好意思呀，明朝阿拉囡件高考”，要么就是“喔哟，掰天正好阿拉‘毛脚新妇’上门！”，还有“小阿弟啊，我帮侬讲，阿拉迭个辰光，大黄鱼三角一斤……”(方言)

鱼菲的“粉丝”们经常和他这么说：“Oops, 明天考六级”、“晚上的活动啊？要到几点啊？从来没这么晚回去过！”以及“哇，鱼菲哥哥做的东西，看上去好好吃啊！”

这就是我和鱼菲的区别，最可恨的是曾经有一位粉丝问他“我可以不可以带着妈咪一起来啊？”，其实那个“妈咪”比我还小几岁。

区别肯定是有的，而且不止是一点两点。由于是个所谓的“美食作家”，（虽然我很不愿意承认），我其实很少看别人的美食文章。美食文章，与艺术不一样，后者需要大量的临摹与学习，而前者呢，需要的是自己的积累和实践；那种“看遍天下美食文章”再“融会贯通”乃至“青出于蓝”的，充其量不过是拾人牙慧，甚至是抄袭剽窃，难怪会有人不管评论什么食品，都是“入口即化”了。

然而我现在就捧着鱼菲的美食文章在读，在读没烤箱没锡纸如何做出“烤三文鱼”来，在读Crème Brlée又是怎么做出来的。我之所以愿意读鱼菲的美食文章，因为我知道他的确是个会做菜的，不至于会误导我。

鱼菲曾经捧了一只硕大的塔吉锅放在我的面前，在掀去了高高的尖耸的大盖子之后，我什么也没看到，因为水汽迷了我的眼镜，这就是近视眼的苦了。等我再次定睛观看，一朵雪白的莲花躺在锅底，虽然眼镜上的雾气尚未褪尽，但我可以认出那的确是朵莲花，白莲。

如果书中有这道菜，用这句：莲花当然是不能吃的，莲花却也是能吃的，卖个关子吧，书中自有奥妙。

如果书中没有，用这句：一朵可以吃的白莲，用白菜雕琢而成，虽似繁复，但巧妙地利用了切口与蒸汽，反正化繁为简为神奇，令人叹为观止。

“鱼菲”是他的网名，大名潘晋元的“创意美食家”是学设计出身的，业界颇有名气；他先是于工作学习之余小试牛刀，即而一发不可收拾，一步步走来，踏实、稳健，这虽然是他的第一本美食书，但看了之后就会让你期待第二本。看鱼菲的书，让我悟到一个道理：一如摄影，所谓的摄影就是摄影者前几十年的审美的总和，其实与技巧没多大的关系，美食同样如此，技巧是辅，审美为神。这本书不但包含了美食的“创作”，也包括了作者对于美食的理解、寻找、感悟以及升华。我相信，你会喜欢的。

是为序，邵宛澍于梅玺阁。

写完这篇文章的时候，鱼菲在网上贴了张照片，是“糖醋小排披萨”。

梅玺阁主

2013年11月

Contents

代　序

第一章　西 塘

◎ “奶香”臭豆腐，是直觉还是错觉 / 2
◎ 迷路豆花 / 5
◎ 烤布蕾，入乡随俗不随流 / 7
◎ 闻香识鸭 / 9
◎ 酱菜，怀旧的手工触感 / 12
◎ 金陵塔，塔“金铃” / 16
◎ 醉翁之意在米酒 / 19
◎ 手札笔记 / 22
◎ 菲尝食谱 / 26
芝士泡菜臭豆腐 / 26
麻辣豆花鱼 / 27
三味烤鳕鱼 / 28
黑椒鸭锁骨 / 29
干锅泡菜猪尾 / 30
松茸牛肉饺子 / 31
禾风如意锦囊虾 / 32
太妃咖啡慕斯 / 33

第二章　厦 门

◎ 充满诗意的海胆 / 36

◎ 进福小馆，12点 / 40

◎ 演唱会，觅食三部曲 / 44

◎ 春卷也Fusion / 49

◎ 逛菜场，淘海鲜 / 53

◎ 琴岛石阶上的“冰石花” / 58

◎ 飞回来的伴手礼 / 62

◎ 菲尝食谱 / 66

芒果雪梨青口贝 / 66

越南芒果虾卷 / 67

三文鱼塔塔 / 68

番茄甜酒青豆泥 / 69

蜂蜜酱烧鲍鱼 / 70

意大利海鲜饭 / 71

低温辣烧墨鱼 / 72

糖脆 / 73

第三章　成 都

◎ 相隔一世纪的火锅 / 76

◎ “甜猪手”VS“鱼美人” / 80

◎ 当传统遭遇现代 / 83

◎ 实现梦想的“老妈蹄花” / 89

◎ 午餐，随遇而安 / 92

◎ 还有好食材 / 96

◎ 熊猫麻婆豆腐 / 99

◎ 台风吹来一朵静心莲（番外篇）/ 102

◎ 正宗土特产 / 104

◎ 菲尝食谱 / 108

宫廷麻辣火锅 / 108

冬瓜雪梨茶 / 109

蹄花也要Mojito / 110

麻婆豆腐“馒头” / 111

荷塘月色 / 112

饭“醉”现场 / 113

海葵静心莲 / 114

法式龙虾烩蛋 / 115

Lollipop蛋糕棒棒糖 / 116

第四章　苏 州

◎ 最糟也最棒的土灶馆 / 120

◎ 皇城里的“鸡脚”旮旯 / 124

◎ 奶酪，是一种情绪 / 128
◎ 本家粥摊，潘玉麟 / 132
◎ 遇见，未知的奶茶 / 135
◎ 新货登场 / 139
◎ 菲尝食谱 / 142
柠檬醋蟹肉球 / 142
陈皮糖醋小排 / 143
三色水果班戟 / 144
电饭煲盐焗鸡 / 145
豚肉海带香菇盅 / 146
粗茶淡饭 / 147
锡兰奶茶 / 148
桑葚提拉米苏 / 149

第五章　乌 镇

前奏——包打听 / 152
◎ 初食“糕”捷 / 154
◎ 谁言寸草心，抱得青团归 / 158
◎ 做鸭那些事 / 161
◎ 把酒临风，“羊羊”得意 / 164
◎ 马兰头，万物生 / 166

◎ 吃不了，兜着走 / 170
◎ 菲尝食谱 / 174
富贵藕盒 / 174
三叶草青团 / 175
无花果四季豆色拉 / 176
双味焗口蘑 / 177
豆腐三重奏 / 178
非鱼籽蜜桃虾 / 179
茉莉茶香水晶粽 / 180
抹茶草莓大福 / 181

后 言 / 182

“阿拉就是馋痨呸”（“阿拉”是沪语“我们”的意思），是我微博对自己的标签，每天深夜放“毒”，介绍各种美食小吃。有隐匿在弄堂内的“苍蝇馆子”；有凌驾于“空中”的小资餐厅；有马路边上的粤菜小馆；也有风情万种的异域餐馆，当然还有我念想混搭的各种美食，目的在于和大家分享“吃”的快乐！

西塘

1 「奶香」臭豆腐，是直觉还是错觉
2 迷路豆花
3 烤布蕾，入乡随俗不随流
4 闻香识鸭
5 酱菜，怀旧的手工触感
6 金陵塔，塔「金铃」
7 醉翁之意在米酒
8 手札笔记
9 菲尝食谱

“奶香”臭豆腐，是直觉还是错觉

“阿拉就是馋痨呸”（“阿拉”是沪语“我们”的意思），是我微博对自己的标签，每天深夜放“毒”，介绍各种美食小吃。有隐匿在弄堂内的“苍蝇馆子”；有凌驾于“空中”的小资餐厅；有马路边上的粤菜小馆；也有风情万种的异域餐馆，当然还有我念想混搭的各种美食，目的在于和大家分享“吃”的快乐！

身边的老友都知道我不爱食豆制品，唯独对“豆腐”情有独钟，尤其是那闻着“臭”，吃起来“香”的臭豆腐，倘若几日不吃，馋瘾发作，那是必然。

臭豆腐，其名虽陋，外丑内秀，是种风味特别，极具特色的小食，爱它之人，自然是欲罢不能。臭豆腐也有好几种，每个人心里都有自己的第一名，最具代表性的无疑是绍兴和湖南这“黑青两兄弟”，到现在也难分伯仲。但对我而言，可能江浙一带的“青方”更得我心。

记得小学一年级放学，最壮观的就是大家齐刷刷地冲出校门，奔向附近的小食摊。当时我每月的零花钱差不多有十元，一角一串的螺丝肉，来个五串，就是我们“工薪阶层”能承受的消费水平了。“工资”稍微多点的同学，则会选择五角一串的里脊肉或是一元一串的炸鹌鹑蛋，有些同学为了吃点“高级货”，在班中已出现“结党营私”的不良风气。

“油墩子”（上海方言：萝卜丝饼）通常用旧报纸旧杂志垫着，吃得满嘴流油，二角五分的价格，现在早已翻了20倍，变成五元一只。有人说我语速过快，想必是那时“旧报纸”的油墨吃多了吧。

众摊之中，人气最旺的无疑是臭豆腐，很远就能嗅到那“臭”而弥香的味道。油锅里的臭豆腐“啪啦啪啦”作响，老奶奶捞出炸好的臭豆腐，放在锅内侧的铁网上滴下油，再夹入圆形的塑料小碟内。甜面酱和辣椒酱放在塑料罐或玻璃瓶中，要自己动手加料，因为料是免费的，所以大家都“恶狠狠”地使劲舀，直到老奶奶心疼地大叫“把嘎西多组撒（上海方言：放那么多干嘛），够了，够了”，我们才停手。然后顾不得形象直接将烫口的臭豆腐塞入嘴里，一边捂嘴一边跳脚，希望它快速冷却，“呼呼”“哈哈”的声音此起彼伏，阵仗堪比一场气势“恢宏”的打击音乐会。

走在西塘的巷子里，时不时闻到一股奶香味，原以为是面包店，经过一座石桥才发现居然是臭豆腐飘来的味道，顿时起了兴致，三两步连奔带跳跑过去。臭豆腐的摊

位卡在钱塘人家旁边小道的“墙缝”里，有半个油锅探出脑来，墙边挂着一块破落不堪的“管老太”黄色招牌，下面的小黑板写着“百年老店祖传秘方”。

走近，一个约莫四十岁模样的妇女，蹲坐在不足两平方米的“墙洞”内，身着暗桔色格子衬衫，随意扎起的马尾有些凌乱，正炸着“奶香浓郁”的臭豆腐。

瞄了一眼腌渍在缸中的臭豆腐，并无特别之处，跟摊主要了一份。下锅、捞出，手起酱落，很是利落。两勺甜酱和一勺辣酱，咀嚼的过程中，淡淡的“奶香味”骤然而出，实在叫人惊喜，“敲锣声，鼓掌声，拿着扇子的舞者乐匠……”瞬间萦绕在我身边，终于明白《中华小当家》里那些食客品尝到美味料理时洋溢的幸福之情了。

西塘凡是卖臭豆腐的摊子都挂有“管老太”的招牌，回顾朱家角、乌镇等古镇，稍有名气的小吃，统统“挂牌经营”，已变成现在许多景区的固定模式，让人分不清孰真孰假。

稍后在和老板的聊天中得知管老太已85岁高龄，品牌早已交给下一代打理，变成连锁品牌，由总部统一制作送货，所以西塘的“管老太”大都是正品货！里面的成分她们也不得而知，对于一个吃货来说，美食当前，自然懒得深究，毕竟在家里自己腌一缸臭豆腐，就算有地，估计也受不了那味。

迷路豆花

在古镇寻店，绝对是件麻烦事，就算地址再详细，标识再清楚，当你穿过四五条小巷，拐过七八个弯后，早已分不清东西南北，更何况我这个不折不扣的路盲！

在旅行中找美食，一般采取分散-集中的吃食方式。所谓“分散”，就是走到哪吃到哪，看见喜欢的，就来上一份，随遇而“吃”；而“集中”则是每次出游前的例行功课，搜罗好那些在网上被推荐的美食，查好路线，集中品尝，寻味尝鲜不可错过。

“安境桥与永宁桥之间”有一家“豆花店”——钱氏祖传豆腐花。网上对它的评

价褒贬不一，我觉得好吃与否，亲自尝过方才知晓。

小摊位于桥下，棕木色招牌有点陈旧，应该有些年月，旁边玻璃镜框里的一张黑白色证书纸上印有“豫园江南古镇美食文化节最受市民喜爱江南名小吃”的字样。

年过花甲的老人独自忙碌，摊子上支着一顶黄蓝相间的遮阳伞，依旧掩盖不住老人那日晒雨淋的黝黑肤色。小摊不过五六个平方，摆着几张木桌已经坐满。只能买了边走边吃，便跟老人要了两份豆花，一咸一甜。

老人用扁扁的铁片两三下，一碗豆腐花就已躺在碗里。配料有虾米、紫菜、榨菜、葱花……还下了点辣酱，搅拌几下，尝一口，豆花嫩香滑爽，“咻”的一下就滑进肚子，口感不错，但豆花和配料的融合感稍显寡淡，不知是不是老人年岁已高，口味变得清淡。接着再尝尝甜的，舀一勺在调羹里，如奶酪般质感的豆花微微颤抖，送入口中，甜甜的豆香不断涌出，从外形上看，称它为“豆花布丁”更贴切些，脑中闪现出儿时坐在路边与家父吃豆腐花的影像记忆。

“东淡西浓，南甜北咸”，寥寥几字，却涵盖了中国区域的饮食习惯。豆腐花也称“豆腐脑”“豆花”，南方叫“豆腐花”，北方则称“豆腐脑”。南方喜甜，炒个青菜都要下糖，吊鲜味；北方爱咸，腊肉、肉夹馍，不咸不下饭。上海虽不是北方，但多以咸味为主，只有在甜品店才能尝到甜味豆花，我是两者皆可，并无特别挑剔。

做豆腐花，“点石膏水”是关键，太少，不能凝固，太多又会有涩味，直接变成了豆腐。做时一定要量大，做满一锅豆浆，点石膏时看豆浆的变化，出现小块的颗粒状时，石膏量就够了，盖好盖，温度下来，自成一锅嫩豆花。

豆花摊旁不出几步，是一排小吃，翡翠小笼，铁板豆腐，各点了份，却完全没有一点食欲。颜色碧绿的“小笼”看似晶莹剔透，入口粘牙，内馅无汁，视为败笔；豆腐吃起来焦香有余，咸味不足，吃在嘴里只有干辣，嗓子瞬间“冒烟”……

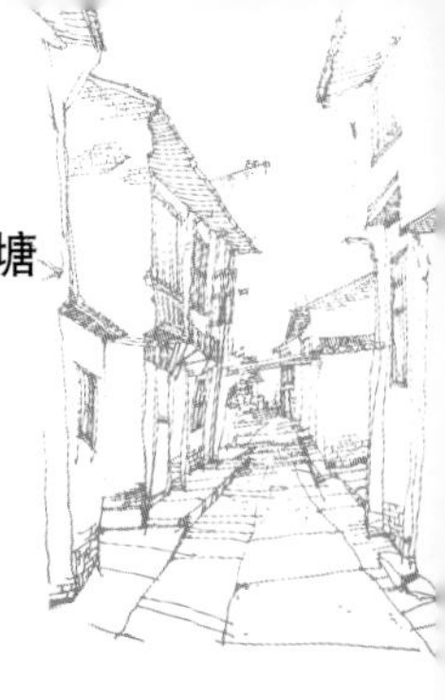

烤布蕾，入乡随俗不随流

不知不觉，临近十点，暮色如墨鱼汁饭那般漆黑，脚下石板路，需靠微弱的手机光源才能看清。询问得知从一个小巷可以抄近路回宾馆，拖着疲惫的身体，走三步停一下，嘴上喊累，但小心思琢磨着趁出镇前还想再吃一摊。

正值盛夏，但古镇的夜晚已有些凉意，不远处，一束亮着的橙色光线，在黑暗的街道中无疑像大海中的指明灯，给人“希望”。走进一看，这家还开着的小店貌似是个甜品小铺，门眉挂着一块“Town”的木匾，四方小屋，格局简单，店内简约线条勾勒出的墙贴，倍感“温馨”。

“想吃点什么，我们快关门咯，”儒雅的中年男人轻声地问，环顾四周，见到烤布蕾的招贴，便指向那里。

“烤布蕾还有吗？来一份！”

“好，马上来，正好还有最后一个，”男人应声道。

他从冰箱里拿出一份半成品布蕾，撒上专用糖粒，一边用喷火枪对布蕾进行最后的烘烤，一边与我开始闲谈。他是个土生土长的台湾人，人称“小二哥”，偶然在西塘结识了心爱的人，于是毅然放弃台湾的工作，在西塘租下这10平方有余的小屋，和太太开了这家“爱の小镇”（Town），为自己的幸福生活开始忙碌起来。我顿时对小二哥起了敬佩之意，对自己辞去设计工作，投身美食之路也更加坚定了信心！

“快点趁热吃吧”，他边说边递上已烤好的布蕾。看着眼前这款烤布蕾，深棕色的焦糖星星点点地分布在布蕾上，惹人食欲。焦糖脆口甜蜜，布蕾柔软细滑，上下一热一冷，冰火两重天的交融，将奶香味提升到极致。

一款好的Crème Brlée（烤布蕾）应该现场喷火烤制焦糖，一看上面那层焦糖，颜色红而不黑，入口脆而不软；二看品相口感，上乘的烤布蕾呈鹅黄色，入口绵密且无一丝气泡，奶香浓郁而无蛋腥味。

Town的烤布蕾完全达到这个水准，在这稍带凉意的夏夜，让我的味蕾又一次得到了抚慰。入乡随俗不随流，封为“西塘第一”绝不为过。

闻香识鸭

第二天早早起床，简单梳洗，沿着河边的小径碎步而行，深深呼吸着新鲜空气，毕竟这样闲适惬意的时光可不是常有的（耳边各种催稿声……知道了，知道了，回来立刻就写）。

一股香气，让我身体有些慢慢“离地”，轻飘飘的如同卡通片中主角沿着味道飘进一家店中。坐定后，瞄了一眼门口的招牌，居然是家客栈，难不成那香味是特制“洗澡水”！（开个玩笑）。瞟了一眼邻桌的菜品，两桌都点了馄饨，里面还有大块的鸭肉，原来那勾人的香味源出于此。

西塘好味的店大多有一个共同现象，场地足够小、位置足够少、生意足够好。如

果搞不清哪家比较好吃，按此标准搜寻必不会有错。

菜单用一张A3大小的纸贴在墙上，老鸭馄饨、绿豆汤、油条……相对上海快餐店的价格，这家店基本低于10元的价格，让人真想统统点上一轮，还好同行友人及时阻止，否则便浪费那些食物了。

“馄饨芯子”（@禅间清泉—宠瑟皮大王，我的好友之一，这是大伙给他的昵称）好像推荐过“老鸭馄饨煲”，亦或者是他人推荐，年岁一大，记性欠佳。馄饨对我来说是可以代替米饭的第二主食，义父（@管家的日子）做的馄饨皮早已把我养刁，对馄饨皮的要求已不是寻常馄饨皮所能达到的。

等待时，请“度娘”（百度）查阅下资料，“老鸭馄饨”是嘉兴西塘的土菜，乃旧时烧窑工发明。他们在窑里炖起老鸭，但鸭肉甚少，不能饱腹，便有窑工在煲里加入馄饨来充饥，老鸭馄饨便在窑工中间传开，后来西塘百姓因此菜做法简单，滋味鲜美，便把这道菜引上餐桌。

馄饨上来，与邻桌用的盛器不同，尺寸小很多，立即喊来大婶一问缘由。原来店家为了方便大家，分“老鸭馄饨”和“馄饨老鸭煲”两档：两种口味一样，区别在于“老鸭馄饨”以碗为器，一人为宜；“馄饨老鸭煲”以煲为皿，馄饨量多，两人一煲，实惠。

《随园食单》记载：“鸭糊涂”，用肥鸭，白煮八分熟，冷定去骨，拆成天然不方不圆之块，下原汤内煨……

“老鸭馄饨”做法虽和“鸭糊涂”有别，但其味甚好，关键在于大婶说她们家的鸭肉用的是本地草鸭，根据季节不同会加入咸肉、黑木耳、笋尖等辅料吊汤。馄饨煮完晾干，让皮变硬，再放入鸭汤回热，较普通现煮的馄饨皮更有嚼劲，弹性十足。鸭肉熬汤，肥油渗入汤中，汤味极鲜，一加一大于二的说法在这碗老鸭馄饨中完美体现。

前阵子为《上海壹周》贡献年菜，用猪肥膘手工熬制猪油，剩下的猪油渣直接包入馄饨，那味道让众亲戚直呼好吃，说是遗忘已久的味道。

我大胆遐想，草鸭明炉烤过，若让猪油渣转角遇到鸭，又会擦出何等火花呢?

剔下鸭肉搅成鸭茸，以1/3量和猪油渣一起和入荠菜芯子的馄饨，再用老鸭汤呈味，绝对“艳鸭群芳”，袁枚尝后相信也会翘首称赞吧!

前阵子河道污染加之禽流感的爆发，让我们这些平民百姓百感交集，站在那些炸鸡丸子、烤鸭摊位前，眼见酥香滴油的鲜肉，却不敢入口，真是凄凉苦楚。更叫人郁闷的是原先设想的食谱完全被打乱，望而兴叹吃一口鸭肉就那么难吗?

酱菜，怀旧的手工触感

吃饱，心情指数满格、体力满格、能量满格！连走路都开始“跳跃式”行进，自然也免不了遭来沿途游客的几许白眼。（我可以说自己童心未泯吗）

河岸边有几个置放在古旧木架上的竹扁，也称“簸箩”，圆形，由竹片编制而成，新的呈浅黄色；“老货”则是漂亮的棕红。旁边撩着一个以前街头用爆米花做米花糕定型的木格，规整四方，一米见宽，盛满炒过的黄豆。还有让人亲切的红色搪瓷脸盆，酱红色的大头菜散落其中，如同春天馈赠的礼物，将我们的思绪一下拉回嚼大头菜过泡饭的80年代。

对于酱菜，最爱的莫过于腐乳，王致和白腐乳和玫瑰腐乳，撒点白糖，就勺麻油，绝对是早餐桌上最受欢迎的嘉宾；其次，是扬州的三和四美系列，酱黄瓜、酱螺丝菜……配一碗绿豆粥，连吃三碗都不嫌多；接着，还有杭州的萧山萝卜干，弄点毛

豆，下些辣子、白糖，直接用手抓一把当零嘴吃都可以。六必居也不得不提，当时还没有淘宝，没有快递，去北京出差的同事，带几罐六必居的酱菜回来，特有面子。邻居大妈，故意捧着瓶子假装打不开，请家父帮忙，明着显摆不是……

竹扁里一深一浅的红棕色酱菜，漂亮至极，当时为了赶火车，匆匆瞟了一眼，并未详细询问和品尝。后来想为它验明正身，发了微博征询，经过最后统一觉得与笋干的相似度最高。现在想来，深色的那箩像极了我小时候在外婆家吃到的腌西瓜皮，嚼在口中，咯嘣脆响，用“超级配角”毛豆拌炒，各领风骚，是酱菜中追寻的终极质感！

腌西瓜皮非常简单，吃完的瓜皮，平刀片去红瓤、绿皮，太阳下晒上三四天，留百分之二十左右的水份，入玻璃罐，下白糖、酱油淹没，腌渍两周。袁枚曾说“酱瓜：将瓜腌后，风干入酱，如酱姜之法。不难其甜，而难其脆。入口皮薄而皱，上口脆。”西瓜皮也是同理。

每每去外婆家，总要顺手牵一瓶回来，外婆知我喜甜，特别多下糖，偶尔早上换换口味吃山东煎饼，我也舍不得让西瓜皮窝在瓶中独自垂泪，必塞些在煎饼里面，吃起来浑然天成。

酱菜腌渍一般分为腌、酱 、切、缸四大工序，但我觉得应该添加一项“晒”，酱菜味好与否，“晒”最关键，不同酱菜所需的水份亦不同，太干则硬，欠之则不脆。

再来是“酱”，所谓“柴米油盐酱

醋茶”开门七件事，“酱”排老五，不可小觑。一味好酱，能使酱菜“色鲜而不艳；味醇而不杂；久香而不散。”

“切”的形状大小，直接影响口感、入味程度，丁、丝、条、块、片，最常见的“玫瑰大头菜”便是如此，连刀片在球形大头菜上厚薄均匀，口感最佳。

“腌”和“缸”密不可分，腌渍的时间取决于缸的温度，而一口好缸有利于酱菜的发酵和保存。我家现在每到冬季最常备着的大致有两种酱菜，泡菜和萝卜。泡菜还分酸辣菜和韩国泡菜两种，但用的都是大白菜，上海人叫黄芽菜。市面上还有胶菜和娃娃菜，一般大白菜和娃娃菜都可腌渍，胶菜熟食尚可，用作泡菜其味不佳。

酸辣菜，耗时短，腌渍半天即可食用，用盐抹匀，待出水后，拧干水份，加糖、醋、辣子，现拌现吃。

韩国泡菜，完全是受《大长今》的影响，那埋藏在土中的一缸缸泡菜，套用一句《神雕侠侣》中莫愁师太的口头禅“问世间泡菜为何物，直教人生死相许”。冬季是泡制白菜的最佳季节，温度适宜，腌出的泡菜回口有丝丝甜味，且不易腐坏。

水嫩多汁的白萝卜与水梨，去皮去核打成泥，下盐、辣椒粉、葱蒜粉拌匀，均匀抹在每片菜叶上，喜海味的还可以加些小鱼干之类的海货，入玻璃罐或密封盒保存，坐等两周开吃。泡菜发酵，第2-3天时亚硝酸盐浓度最高，对身体有害，等到8-9天浓度减低后，食用最佳，健康可是吃货的革命本钱。

腌萝卜，并非是那三大五粗的白萝卜，也非那营养素超高的胡萝卜，而是那种有着很动听名字的“心里美”。此萝卜如拇指般大小，既无白萝卜的冲辣，也无胡萝卜的“怪味”，皮色如红心，滋味清甜。

萝卜连刀不断，均匀码上一层盐，下醋、糖伺候着，待红色萝卜皮慢慢变淡融入到醋汁中，当做烧烤、火锅的开胃小菜，极佳！萝卜保存时间不长，一周内吃完，时间一久萝卜里面空了，就有一股萝卜特有的难闻气味。到时可不是心里美，变成心里丑萝卜了。

前面有个老婆婆，手提的篮子里黄灿灿的东西非常眼熟，我眉飞色舞地唱起《High歌》，“mountain top，就跟着一起来，没有什么阻挡着未来；day and night，就你和我的爱，没有什么阻挡着未来，咦……”

金陵塔，塔“金铃”

金陵塔、塔金铃，金陵宝塔第一层，一层宝塔四只角，四只角上有金铃，风吹金铃哇哇响，雨打金铃，唧铃又金铃……这首上海说唱《金陵塔》，大部分90后、00后应该都没有听过，这是我们那个年代的Rap，流行程度直逼周董的《双节棍》，“哼哼哈嘿，快使用双节棍……”。

市面上偶尔会见到一种像用蜡做的水果，通体金黄，形似金铃，身上长满凸起的

小包。有人觉得丑陋无比，我倒觉得透着几许可爱，它不施粉黛，自然天成，它就是“金铃子”。

提到“金铃子”，许多孩子首先想到的或许是那种会叫的昆虫“金铃子”。它会发出“铃铃”的叫声，美妙动听，但极其怕冷，冬天须贴身保暖，是那种体型小到稍不留意就会当做什么小飞虫一掌拍死的“宠物”。

今天我们聊的是可以吃的一种水果，“金铃子”，是江浙一带的叫法，它的俗名则不太雅观“癞葡萄”、“癞瓜”。称它为“癞葡萄”是因其凹凸的瘤形小包像极了癞蛤蟆的外皮，天生附着一种不讨喜的“癞气”。它不像水葡萄，需要充足的阳光，适量的水份，定时修枝，才能枝繁叶茂。“癞葡萄” 只要随意把种子洒在有泥土的地方，过一阵它就会一簇簇地冒出嫩芽，或攀附牵牛花、或依着围栏环绕而上，再过1、2个月，花开花落，这一串串“癞葡萄”就会随风咛铃，悬挂枝头了。

也有称“金铃子”为“黄金瓜”、“金癞瓜”等，综上都因为它外壳上那些鼓凸不平大小不一的颗包，细看觉得它和苦瓜还颇有几分相似。

其实，金铃子也算苦瓜的一种，苦瓜只要“成果”就能食用，而金铃子必须“成熟”才能品尝。苦瓜味苦，可切丝凉拌、可切片清炒、可切段塞肉……金铃子吃的则是里面的红瓤，艳如红唇，入口瞬间莫名有种“偷情”的快感。

卖“金铃子”的老婆婆找了一处遮阴地，搬出自带的小板凳，倚墙而坐。竹篮里垫着报纸，上面堆放着大小不一的金铃子，连着的藤条还很青翠，应该刚摘下不久。十元钱三个，并不贵，挑了个头最大的，捏着青藤直接拽在手里。

别看它样子有点“吓人”，其实就是只“纸老虎”。外皮很脆，一捏就开，露出玛瑙般红色的瓤，递一颗在口中，那熟悉的甜味游离舌尖，它的甜，没有西瓜那般清爽；它的甜，不像苹果那样内敛；它的甜，不如葡萄那样汁多带酸。它的甜，淳朴而宁静，与柿子瓤有异曲同工之妙。唯一的缺憾是每瓣瓤里面还有一个核，吃起来要轻抿吮吸，犹如壁花小姐之羞涩，以袖遮面，含花闭羞。

五年级时，附近工厂的小花园里就有金铃子，班上的皮大王，读书不好，但为人豪爽，讲义气。下课回家路上，偶尔会和班中几个男生经常趁门卫不在，爬墙“潜伏”进去，摘几个偷食。

一般我们会分头行动，有人盯梢，有人“作案”，若是有同行的班中女生，就分给她们同享，得意之情比考试拿个100分更有成就感。偶有女生狮子大开口多要几个，引来“分赃”不均，淘气的男生也会捏碎金铃子，用里面的红瓤扔女生。

小花园都是宝，夏天抓抓小蝌蚪，秋天拾拾掉在地上的板栗，以最自然的方式亲近自然。每次被厂工发现，女生就开始施展上海小姑娘特有的“嗲”功，软磨硬泡，男生则态度端正赔礼道歉，基本都能安然无恙地全身而退。这些“战利品”都被会带到自然课上，表扬一番肯定是少不了的，最重要的是可以亲自发现、了解万物的自然生长。

偶有被“顶真”的门卫抓个正着，被揪到学校，叫来家长，回家一顿“竹笋烤肉”肯定是逃不了的。

我的童年没有电脑、没有iPad，当然也没有地沟油、毒奶粉这等悲情之物。回忆里满是鲜甜诱人的绿色鲜果，尤其是滋味香甜的金铃子，如今已很少见，不希望将来的某一天只能在“金陵塔、塔金铃”的童谣里回忆这曾经熟悉的味道。

醉翁之意在米酒

现在嗜酒如水的我打小却不爱喝酒，白酒“辣”口烧心、啤酒味苦涨肚、红酒酸涩上头。酒在小孩眼里完全不能算作好喝的“饮料”。

和我同龄的朋友应该都有和我相似的经验，记得第一次“喝酒”是在大人们的餐桌上，穿着开裆裤的我，4、5岁模样，被爸爸抱在怀里。爷爷用筷子在酒杯里蘸一下，然后让我舔舔筷子，当我尝到白酒的“呛辣”而皱起眉头时，大家却开怀大笑，殊不知当时作为男主角的我可一点都不高兴！

和“酒”的第二次亲密接触是在幼儿园，到亲戚家坐客，家里长辈都会端出一碗“酒酿水扑蛋”（沪语：水煮蛋，不是白煮蛋）招待，有些福利好的还会加几颗桂

圆，酸酸甜甜，一碗都不过瘾。大人说酒酿含有少量的酒精成份，多喝易醉，当时并未把这事放在心头，只觉得这透着酒味的“泡饭”特别醇香，只要逮住机会，一定狠狠地吃上几碗。

西塘街道上那些“胭脂店”，门口都会摆放着各式各样包装的米酒，前面竖着块牌子，可按杯售卖，这等稀奇之事，我还是第一次遇见。走得渴了，问老板“讨”上一杯，本以为小小一杯应与茶碗差不了多少，没想到足有200毫升，“性价比”极高。不喝不打紧，这一喝就停不了口，一路上连“讨”三杯，比吃冰淇淋来得解暑。

同条街上的米酒价格也不同，三元、五元倒也明码标价。米酒都是小店自酿，所以不同店家酿出的味道也不相同，尝过一圈，普通米酒，回甘有余而香气不足，相较之下，反倒是三元一杯透着淡淡桂花香的桂花酒，瞬间将我迷倒，在金桂飘香的时节，应景。旁边的青梅酒与日本梅酒口味也大相径庭，日本梅酒大都甜味过甚，需兑水加冰，喝起来才会冰爽甘洌。而西塘的梅酒，梅子味浮于表面，口感带有些许呛辣，无一丝矫柔造作。

酒酿，又名醪糟，米酒则是它的衍生产物。做法虽然不难，但要做好也不是易事。古时均以瓦缸为器，辅以稻草加温，至少两周才能酿成。现在自己在家也能制作，糯米洗净，清水泡上一晚，蒸锅铺上纱布，入糯米，大火蒸 20 分钟，开盖将糯米拨散，均匀洒上一小碗清水，再蒸 20 分钟。蒸好的糯米放入干净的缸中，倒些纯净水，拌匀；待温度降到25–30度之间，倒入酒药，充分搅拌均匀，放入干净无油的保鲜盒中（必须用热水烫过，擦干），糯米中间挖个小洞，盖上保鲜膜，发酵的前两三天每天要打开盖微微透气，否则发酵产生的气体会把保鲜膜撑开。十天左右糯米下沉，酒体分离，将酒糟过滤后的液体，就是米酒啦。喜欢醺一点的，可以加长发酵的时间，若要停止发酵，整盒酒入冰箱冷藏即可。

米酒本身微甜，酒酿烹菜极佳，尤其是那些生鲜带腥的肉禽鱼虾，两勺米酒，三四勺酒酿，一盘普通的庶民飨食也能让你尝出穷奢极侈的滋味来。名列前茅的“人大代表”当属酒蒸鲥鱼，在上海，无论家庭聚餐还是商务宴请，鲥鱼一登场，在场所有男女宾客立刻闭嘴不言，下筷如雨，瞬间只剩一根鱼骨。每个人都沉浸在酒香丰腴的鱼肉世界里，任滋味在舌尖轻轻游离，一屋子弥漫着甘甜清冽的酒香。

古诗云：“花间一壶酒，独酌无相亲。”千灯人习惯在腊八月自酿米酒，享受农家田园之乐，我却觉得独饮这一品方琼也能怡然自得。有人可能会笑话我，居然称“米酒”为琼露佳酿，正所谓各花入各眼，就像有人视残石瓦片为珍宝一样。

月上西楼，西塘如一帘幽梦，掩藏在砖墙石瓦中的民居开始升灯，妆扮起渐渐落寞的西塘流水。日月之辉映照石桥弯洞，俯身而坐，以初心相见，留影，盼相思。

出镇前，我提着两壶桂花米酒，屁颠屁颠地回家，谁知书包背带突然断裂，将我装在包中的米酒摔坏了一壶，只能用尽气力将蔓延开的酒香吸入鼻中，好歹，我也“品”过这朝花夕拾的美酒了。

手札笔记

住宿:

进西塘要门票，只限当天，住宿一定要选西塘古镇民宿或客栈，这样第二天无需门票，可继续游玩。西塘内有许多主题客栈，逛到喜欢的可以直接入住，但旺季人多，建议提前网上预订。

渡船:

西塘和其他古镇一样，临水而建，怕走路的可以坐船先晃悠一圈，以船代步，探探路先，大致了解喜欢的店在哪个方位，下船后直接前往，避免重蹈覆辙走冤枉路。

萌物:

萌物小店不少，有些是店主原创、手工制作，有些则在淘宝可以买到，若是体

积不大，看中便买，否则走过再想找，就比较困难。当然如果你记性超好，那就另当别论了。

用餐:

作为正餐，河鲜是不错选择，螺蛳、白水鱼，夏天还有麻辣小龙虾，鱼大概三四十

元一条，螺蛳当时三元一碟，现在有没有涨价就不得而知。路上隔三差五就有小吃摊，荷叶蒸肉、臭豆腐、小馄饨等各种小食，不下馆子，一路吃来也能八九分饱。

午茶:

下午适合找个环境幽静的咖啡馆稍坐小憩，当时去的那家有一只可爱的金毛在练习“抵制食物”的训练，后来听朋友说

好像关门了。路上经常能遇见小猫小狗，碰到“脾气”好的，你蹲着跟它嬉戏玩耍一番也不错。

留影：

西塘处处都是景，要拍照，看你喜欢什么样的。女生都爱清新小资，萌店、咖啡馆随处可拍。男生拗造型，可以选择拱桥、石阶，亦或是西塘另一头餐厅聚集的街道，如图所示的红色小灯与蓝色水手橡皮圈，有那么点水手的意味。

夜晚：

住在西塘，夜晚的生活也很丰富，酒吧一条街绝对能满足你。如果你天生是一位歌者，这里有的点唱酒吧，专业音响胜过普通KTV，可以让你过一把“歌星瘾”，体验一回被众人注视的感觉。如果你更倾向于聆听，也有酒吧驻唱歌手现场放声，有些演唱的功力完全不输线上的歌手。实在无聊，你也可以到杂货店买一盏荷花灯，写下你的心愿，随着流光倩影的河水放飞梦想。

特产:

对于我来说，西塘并没有什么可以带走的特产，大都是要趁热品尝的食材。唯一让我心动的便是这自酿的桂花米酒，买回去小酌亦可，做菜也行，最好自驾前来，装上满满一车的米酒运回去，光想想就让人觉得高兴。

芝士泡菜臭豆腐

对于臭豆腐用“炸”的方式最能体现其“香气”，之前曾经看过台湾的臭豆腐，里面塞满了泡菜，当时“馋吐水”（沪语：口水）流不停。这次特别加入马苏里拉芝士提香，嵌入泡菜增加酸辣滋味，中和了芝士的油腻感，绝对让你闻“香”识“美人”。

材料

臭豆腐10块、韩国泡菜1碗、马苏里拉芝士少许

做法

1 臭豆腐洗净，晾干，入锅炸至金黄色。

2 炸好的臭豆腐表面平整切开，将切碎的泡菜铺平，撒上马苏里拉芝士入烤箱，160度上下火中层6–8分钟芝士融化即可。

Tips

马苏里拉芝士奶味浓郁，掰开一块臭豆腐，都能拉出长长的芝士丝，称这道菜为“臭豆腐迷你披萨”也不为过。

麻辣豆花鱼

当花椒姑娘遇上豆瓣小姐，谁是辣妹子已无关重要，穿上红袍的鱼妃娘娘，尽显妖娆妩媚之味。

材料

青鱼中段500克

调味料

郫县豆瓣20克、姜米1两、葱须1个、蒜米1两、白糖2勺、老抽2勺、醋1勺、绍酒2勺、水淀粉5克、高汤300克、食用油少许

做法

1 青鱼取中段，片成薄片，用盐、绍酒码匀

2 热油，下葱须、蒜米，煸香后，入郫县豆瓣、姜米，炒匀

3 下高汤、老抽、醋、绍酒

4 煮开后，入鱼片，倒入水淀粉勾芡即成

必用郫县豆瓣，葱须炼油比葱叶更香。

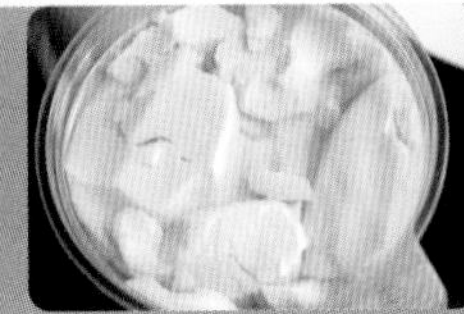

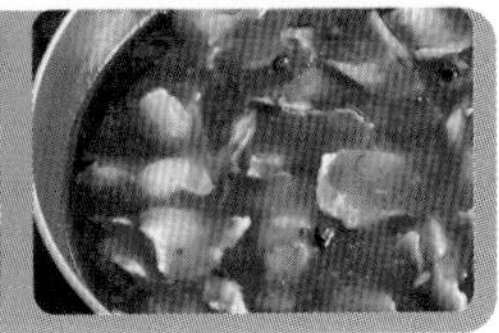

三味烤鳕鱼

没烤箱，一样做烤物

一张锡纸，一块鳕鱼，平底锅让你轻松吃“烤”鱼

材料

银鳕鱼300克、洋葱1颗、生菜1片、甜椒1个

调味料

灯笼椒甜辣酱100克、味噌酱1勺、韩国辣酱1勺、黄油50克、甜椒烧烤香料10克

做法

1 鳕鱼洗净，用厨房纸吸干水份，码放烧烤香料，将灯笼椒甜辣酱、味噌酱、韩国辣酱调匀后，均匀抹在鳕鱼两面，腌30分钟

2 洋葱、甜椒切丝，黄油热锅融化，倒入洋葱甜椒丝煸出香味，捞出备用

3 垫上一张锡纸，铺上煸炒过的洋葱和甜椒，放上鳕鱼，再铺上一层洋葱，用锡纸把鱼包裹起来

4 平底锅烧热，把包好的锡纸鳕鱼放上去，小火，两面干煎5－8分钟（按鱼的大小适当调整时间）

5 出锅后去皮、去骨，淋上锡纸内的酱汁，装盘

如果要做多份，每条鱼要分开用锡纸包裹，不可重复用过的锡纸，避免粘连鱼肉。

黑椒鸭锁骨

看电影、听音乐、打游戏，鸭锁骨是最好的伴嘴零食，不怕麻，那就放马过来。

材料

鸭架4个、姜4片、花椒30克、辣椒5个

调味料

老抽2勺、生抽1勺、绍酒1勺、糖3勺

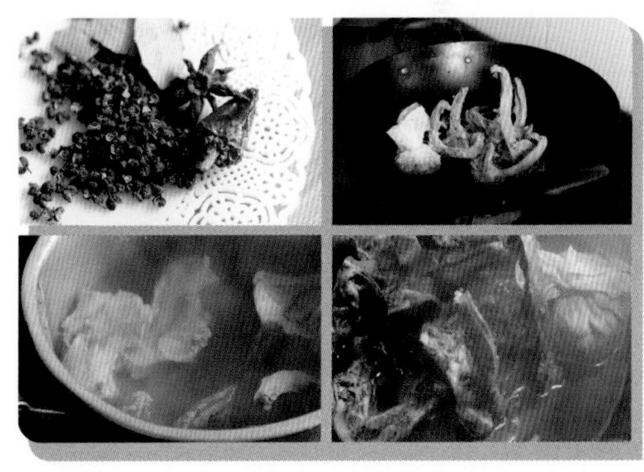

做法

1 鸭锁骨焯水，捞出待用

2 热锅冷油，小火熬花椒至香味出，关火，捞出花椒

3 待油冷却，放入鸭锁骨，水至鸭架一半，下除糖外所有调味料，调料用纱布包裹

4 文火30分钟，下糖、收汁

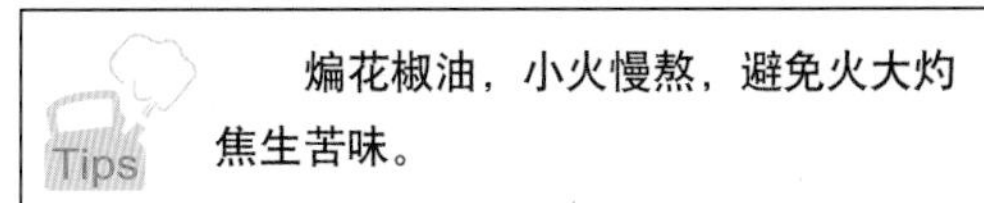

Tips 煸花椒油，小火慢熬，避免火大灼焦生苦味。

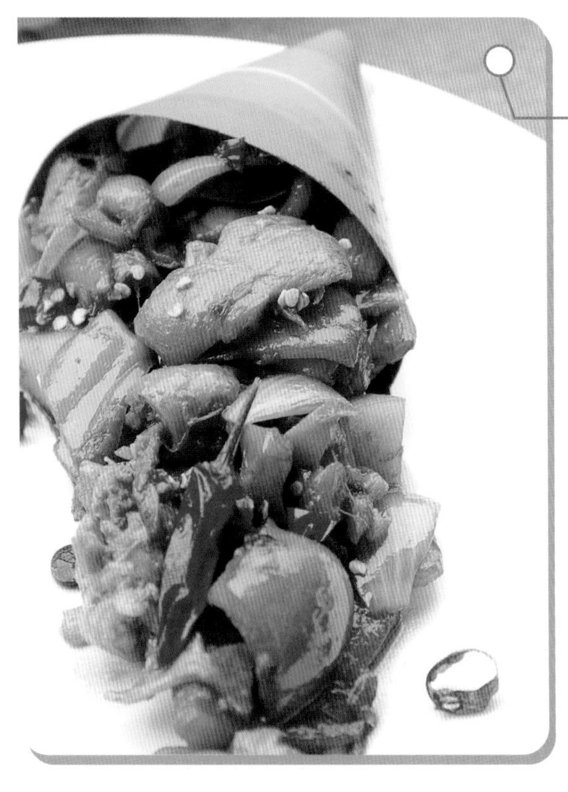

干锅泡菜猪尾

川辣盛行，鸡鸭鱼肉每一样都不可错过，泡菜的酸辣加上辣椒的香辣，温辣如蒜，吃一口便中了这温柔香。

材料

黑毛猪猪尾300克，红洋葱1个、青椒1个、朝天椒2个

调味料

台湾豆瓣酱2勺、生抽2勺、老抽2勺、泡菜碎5勺、清水300毫升、盐少许、砂糖3勺

做法

1 猪尾洗净，下姜片，焯水，切段备用

2 热油煸炒洋葱至香味出，放猪尾、泡菜翻炒片刻

3 倒入清水、豆瓣酱、生抽、老抽，小火慢煮

4 青椒切块，朝天椒切末，和砂糖一起下锅，翻炒收汁。

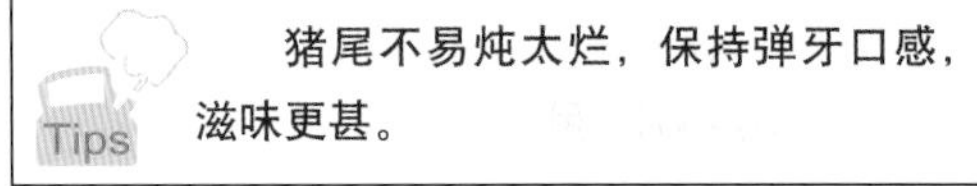

Tips 猪尾不易炖太烂，保持弹牙口感，滋味更甚。

松茸牛肉饺子

云南雨季，松树轻轻，幽幽一缕香，繁华旧梦去，只待松茸破土而出。

材料

松茸10颗、牛肉糜500克、鸡蛋1个、馄饨皮200克

调味料

盐、面粉20克、松茸汁200克、绍酒、糖3克

松茸汁，用油煎过的松茸加鸡汤炖煮半小时，用料理机榨汁。

做法

1 松茸洗净、去根，入锅煎香

2 将煎制过的松茸切碎，和鸡蛋、绍酒、盐一起拌入牛肉糜

3 拌好的牛肉糜搓成一个个扁圆，用两张馄饨皮上下叠在一起，四周加水粘合

4 用圆形铁圈用力压出圆饺子，四周用叉子压出花边

5 入沸水煮到浮起，加一次水后捞出

6 另起锅倒入松茸汁，煮开后，关火，倒入面粉、盐

7 用打蛋器迅速搅拌，直至粘稠，淋在饺子上即可

禾风如意锦囊虾

如意如意，按我心意，玉素妆成，心如禅意。还记得《葫芦娃》中蛇精用的玉如意吗？

材料

生态速冻对虾200克、有机鸡蛋2个、有机韭菜少许、冬瓜一片、枸杞3颗

调味料

有机标准粉5克、绍酒少许、白芝麻少许、调味海盐少许、姜3片

做法

1 对虾洗净，将虾仁剥出，虾壳焯水去沫，入冷水加黄酒、姜片小火煮沸

2 虾仁切碎，用绍酒、海盐捏匀

3 冬瓜去皮，用磨具刻出叶子形，中间用小勺挖洞，填入虾仁，放上枸杞，入虾壳汤内小火煮10分钟

4 另起炉灶，将多出来的虾仁泥，隔水蒸10分钟

5 鸡蛋打散，加入少许海盐、有机粉调匀，过筛后，摊成蛋皮，切成四方形

6 将蒸好的虾仁泥放在蛋皮中间，用烫过的韭菜将蛋皮包裹起来，里面可以淋上一些虾汤，形状似一个锦囊

7 将冬瓜摆放在锦囊周围，芝麻在锅内小火炒香后，撒在锦囊上即可

太妃咖啡慕斯

浓情夏日，嗜咖如瘾，不如来一份咖啡慕斯，可以“嚼”的咖啡，爽口爽心。

材料

咖啡粉3克，加倍情浓冰打粉（太妃口味）20克、奶油200毫升、牛奶30毫升、手指饼干20克、黄油20克

调味料

吉利丁片12克、砂糖40克

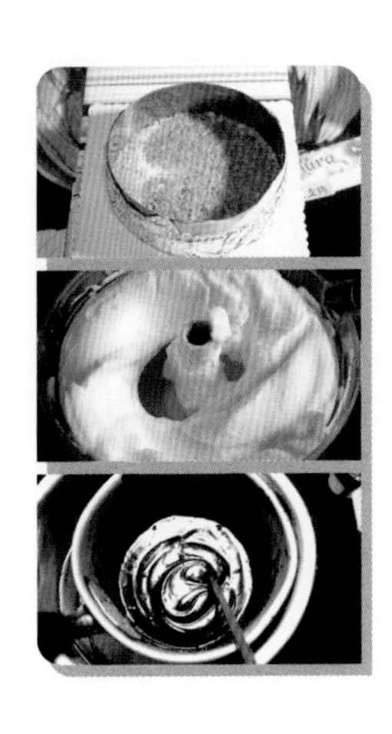

做法

1 手指饼干压碎，将融化的黄油和饼干碎搅拌均匀，放入模具中，用瓶底压紧，放入冰箱冷藏30分钟。

2 同时，取100毫升奶油煮到90度，加入咖啡粉、冰打粉，20克砂糖，搅拌均匀

3 吉利丁片用冷水泡软，滤干水份，放入微波炉中高火30秒熔化成液体，拌入奶油糊中，放凉

4 剩下的100毫升奶油放入20克糖，打发至硬性发泡，慢慢顺时针拌入步骤3的奶油糊

5 拿出模具，慢慢倒入，最后轻轻震几下，将空气震出，使表面完整光滑，入冰箱冷冻3小时即可

天气炎热，温度大于25度时，奶油打发时可在盆下可以放置冰水或冰块，便于打发。

“一曲离歌两行泪，不知何地再逢君”，这两句诗选自唐朝诗人方干的《衢州别李秀才》。词之苦楚、句之无奈、意之悲伤、境之凄凉，我皆能感受，因为此时，我也正是清泪两行独自流。

厦门

1 充满诗意的海胆

2 进福小馆，12点

3 演唱会，觅食三部曲

4 春卷也Fusion

5 逛菜场，淘海鲜

6 琴岛石阶上的「冰石花」

7 飞回来的伴手礼

8 菲尝食谱

充满诗意的海胆

“一曲离歌两行泪，不知何地再逢君”，这首选自唐朝诗人方干创作的《衢州别李秀才》。词之苦楚、句之无奈、意之悲伤、境之凄凉，我皆能感受，因为此时，我也正是清泪两行独自流。

问缘由，个人隐私，不便透露。我与厦门剪不断理还乱的感情问题待哪天我七老八十时再出本《鱼菲自传》，欢迎届时大家去八卦。

为什么近两年才去厦门？一来我之前身兼创意设计、活动策划等数个头衔，每月飞来飞去，饮食生活之外，电脑和我寸步不离，几乎站着就能睡着。二来，因为一部电视剧，过度展示了渔村的破败，因此对厦门的印象不佳，剧名叫做《厦门新娘》。一九九五年播出时，闽南福建地区万人空巷，《厦门新娘》里的装扮也一度受到大家追捧。

黄斗笠、花朵头巾，半遮的脸颊，以及露脐斜襟衫，肥大的裙裤，当时的确风靡了一阵，满大街的时尚女生都是露脐装配裙裤，奶奶还说，现在的姑娘真是搞不懂，上身太“节约”，肚脐都不遮，裤子又很“浪费”，裤脚都拖地了。近两年，在顶级时装发布会上还时不时能发现“惠安女”的影子。

那时我就读小学，对于服饰时尚并不敏锐，只觉得电视里的小渔村破落肮脏，毫无半点美感景致。

抵达厦门已近黄昏，我和好友Leo下榻酒店后，稍作收拾，立刻前往第一站晚餐——石山怀石料理。住宿在集美学村，店址在思明区，距离较远，只能打车前往，若是自驾，估计到天亮都到不了，朋友一直质疑我这个路痴是怎么考出驾照的，说实话，我也没想明白。

经过司机叔叔的“山路十八弯”，最后停在一个我们也不认识的地方，说这里没法调头，斜对面就是，让我们自己过天桥过去。结果我们硬生生的用11路（两条腿），问东问西，走了近半小时才找到石山，那位大叔是想要锻炼我们的脚筋么?

石山并不临街，需转弯才能发现，不怎么好找，斜对面是家KTV，大家下次去找到对面的KTV，相对就比较容易了。

怀石料理这种意境食物我一直觉得是适合有“文化”的人吃的，一勺一筷，浅尝辄止。套用我兄弟明哥的话来说，这些还不够他塞牙缝的，果断放题（日式自助，一般都称作放题），大快朵颐塞得满嘴流油才是吃货本色。

海胆，必不可少。端上来这阵仗，一片紫苏叶垫着在金灿灿的海胆下面，平稳的放在削平的海胆外壳上，活脱脱一个漂亮的“惠安女”！

用手直接托起叶片，慢慢送到嘴边，勺子轻轻一拨，整块海胆滑落口中。细腻肥美，柔软如轻风，滑过舌尖之处皆是甘甜。恍若躺在金海碧沙，聆听海浪敲打细沙的阵阵声响，人生亦如此美馔，迷醉其中又何妨。

回味散尽，已经“胆”去壳空，对于可以一口气连吃20份海胆的我来说，限点一份，只能轻叹一声“寂寞让我如此美丽”。假如有一天，一个长得跟榴莲一样大小的海胆摆在面前，估计就不是惊喜而是惊吓了吧。见到它的第一时间，应该立刻拔腿就跑，没有人愿意想和这满身毒刺的庞然大物共处一室吧。

挑选海胆，先看其色，棕色的是马粪海胆，黑色叫紫海胆，这两种口感最佳。个头“七两”为先，同等大小的情况下，重的那个一定是“标准媳妇”，“嫁”入餐桌时，准是极好的。而那种颜色鲜艳，色彩斑斓的海胆是断不能碰的，不信你试试，立刻让你肿得跟个猪头一样。

十二个月份中，六到八月的海胆最为肥美，刚打开“盖子”的海胆卵成五星状排列，粒粒分明的橙黄色颗粒，有些像北方大伯家吃的小米。从海里刚打捞出来的海胆可以直接食用，啖其鲜甜之味。餐厅里的海胆为了保证口感，一般会将海胆放入滴了几滴柠檬汁和盐的冰水中过下水，吸干水后置于一个类似茶杯托的木板上，考究点的则会像我在石山所尝，垫上一片紫苏叶，完璧归赵。

挑一个刺短且粗的海胆，先用大剪刀剪开那带刺的软壳，用勺子将如桔瓣状的海胆小心翼翼的舀出，再仔细去除内脏和血丝。这个过程看似简单，却要熟练细致地处理，稍有不甚，沾染到内脏和血丝的海胆，腥味难闻，坏了一胆好味啊。

我要开始大快朵颐了，大家自己回味吧，今天目标松竹梅拼盘各来一份、天妇罗两份、Sukiyaki牛肉锅一份、芥末章鱼、烤鳗鱼、味噌豆腐、生蚝刺身、酱烧鲍鱼、

烤扇贝、多春鱼……统统来上两轮。

PS：对于海胆的吃法，除了刺身其实还有很多。网上搜了一下，什么清炖海胆、油煎海胆、海胆蒸蛋……看得我是眼花缭乱。说起“海胆蒸蛋”想起来一个恐怖的事情，正好作为反面教材，供大家参考。

2012年去了趟青岛，在当地美食摊唰一顿是惯例。亲眼那么近距离看到活生生的海胆还算是第一次，自然兴奋得不得了，又是拍照，又拿筷子去戳它，完全就是一个“低龄儿童”的表现，请大家无视。

点上一份海胆，老板娘说是蒸蛋吃，对于从来没有吃过熟海胆的我来说，还是想吃刺身。于是，让老板娘做了份刺身，等上来之后，瞬间傻眼，黏连内脏的海胆混着血水，瞬间让我没了食欲。忙喊来老板娘，一问居然是第一次做刺身（三只乌鸦华丽丽的从我眼前飞过……）。后悔没有听从店主用炖蛋方式来烹制，但若真是炖蛋，会不会蛋里依然有着这可怕的血丝呢。奉劝大家以后去任何地方吃食，请尽量遵循当地做法，若要像我这样，请事先问清店主是否会做，免得花了钱没吃饱不说，还惹得一身“骚气”。

进福小馆，12点

11月的厦门依旧带着点暖意，睁开眼，一束阳光直挺挺地射在我脸上，连忙用手遮挡，舒展一下慵懒的身体，起床，寻找美味的午膳。

浔江路上有一座教堂，路过门口能听见里面传出的圣歌，我不用出门，躺在床上就能听到，这也算是住在教堂边的升级“套餐”吧，作为用膳前净化心灵的前菜，还是不错。

十字路口左转后是一条规整的马路，中间种了一排5、6米高的棕榈树，有些在热带的错觉。笔直走到下一个路口，再左转，便是石鼓路，附近唯一比较热闹的地方，有一些零散的小吃店。

二十来个平方的“进福小吃”位于石鼓路路口，灰旧的店招并不起眼，稍不留神就错过了。附着些油腻的黄色价目表，菜名列得整齐，一眼望去，2～5元的白菜

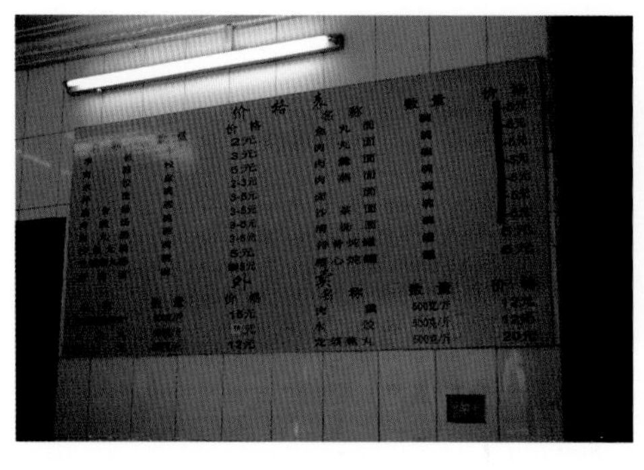

价，着实让我惊叹，现在估计已经翻一番了。

“沙茶面、鲨鱼丸汤、芋包、扁食汤，各来一份”，我眉开眼笑地和掌柜说。

时近中午，铺子里三根日光灯管完全没起作用，铺子里依然乌漆抹黑，几块玻璃被铝合金骨架组合成透明的厨房，放眼望去，还算干净。一台老式的弹簧秤静静地躺在几摞碗边上，应该是按斤外卖时称重用。保洁柜里整齐地放着碗筷，不过灯好像并未亮着，也就是当普通碗橱，让人稍感有些抑郁。

沙茶面，到底是源于印尼还是马来西亚，这会儿我可没时间去纠结。一看到猪肝，心思立刻开始活络，一筷子面条，一片猪肝，一口面汤，“咻咻咻”，交替在我嘴中翻滚，不出五分钟汤和面就见底了。

这种不可复制的味道，妙不可言，而秘密就藏在汤头里。鸡骨、猪骨、鱼骨，光听到吊底汤的材料，就已让人感动不已。主料“沙茶酱”非常用心，选用上等虾头，腌渍两月以上，磨成虾酱，放入蒜蓉用小火炼出虾油，冷却后加入咖喱粉、磨碎虾米、辣椒粉等辅料，装入缸中封存。吃的时候，酱放碗里，舀一勺汤在面上，勺子调匀，下好碱水油面堆在上面，混合花生、虾米、咖喱的复合味，还未尝就叫人乐不思蜀。

这家不知道是不是没有浇头可加，当时没问；有的店可以加多重浇头，大

肠、鱿鱼、鳝丝等，只要你吃得下，来份四浇面杠杠滴！

还记得《麦兜》里面那段顺口溜吗，麦兜：“老板，给我一份鱼丸”；老板：“木有鱼丸”；麦兜：“给我一份粗面”；老板：“木有粗面”；麦兜：“那来一份鱼丸米线”；老板：“木有鱼丸”；麦兜：“那来一份墨鱼粗面”；老板：“木有粗面”……每当看到这段，总忍不住笑出声来，再咽几下口水。

鲨鱼丸，福建闽南地区的特色小吃，堪比周星驰电影《食神》里的爆浆撒尿牛丸，咬一口同样会“爆”出鲜美的肉汁。相比普通用花鲢鱼做的鱼丸，软嫩中多了一丝“嚼头”，口感弹牙，汤汁鲜美。

当时并无觉得哪里不妥，写这段文字的时候突然想到一个社会问题，鱼翅。

越来越多的人开始抵制鱼翅，鱼翅来自鲨鱼，吃鱼翅有违道德，吃“鲨鱼丸”难道可以？我们吃的“鲨鱼丸”里究竟有没有鲨鱼肉，有多少鲨鱼肉，到底该不该抵制吃鲨鱼呢？

请原谅我在介绍美食时突然“愤青”的表现，天马行空，想到什么说什么。其实，在厦门我们吃到的“鲨鱼丸”并非海中的大鲨鱼，是一种同名不同种的鱼类，当地人称为“狗鲨”，是可食用的非保护鱼种。所以这让人流连忘返的小食，大家尽可敞开肚子大吃特吃。

用花碟子呈上的这块东西叫做芋包，旁边那坨酱汁看着有点“血腥”，不敢下口。芋包，是夏秋两季的小食，只用福建地区特有的槟榔芋制作。槟榔芋棕黄色的表皮极像一枚炮弹，乳白色芋肉上布满如槟榔般红紫色的花纹，一煮就糯，浓香可口，风味独特。

芋头去皮捣成芋泥，与猪肉、香菇、虾仁等鲜物包裹后，蒸制即成。吃时，佐以店家自制辣椒酱，口味甜辣，蒜香浓郁。你若有兴趣，添上几勺旁边的沙茶酱，小菲觉得更锦上添花。

可惜我对除了咸蛋黄烹制的芋头以外，只能接受甜口的芋头，什么椰奶香芋糖水或直接搓成一颗颗芋圆，都是我的“菜”。

吃火锅，除了肉之外，各种丸子、燕饺，我可以单独轮上一次，随之而来的就是不停地打饱嗝，完全吃不下其他的东西，只能坐一旁“观战”。

这碗扁食端上来，我的第一反应“咦——这不是燕饺吗”，从外到内，以内养颜，细腻红润有光泽。Sorry，我又跳tone了。乍看之下扁食与肉燕非常相似，但她们却是同父异母的姐妹，并非同卵异生的双胞胎。

肉燕，来自福州，挑猪腿瘦肉一块，去其筋膜，手持木棒按纤维竖着敲打，直到烂如棉絮、粘稠成泥。熟练的厨子，节奏敲打和谐，不输一场上好的打击音乐会。最后，和入木薯粉，擀成如宣纸般厚薄，切成一寸见方。包完内馅的肉燕，体态轻盈如燕，就像穿着芭蕾舞裙的空中舞者。

扁食，源自霞浦，外皮由番薯粉、面粉和水擀制而成。内馅择猪肉，剁成肉泥，配上虾干粉和荸荠末，搅打出劲。师傅一手挑馅，一手捏紧，包一个扁食不出1秒钟，换做我们眼睛都忙不过来。

猪骨熬出清汤，少许猪油、胡椒粉，已是天享之味，我习惯撒些葱花，慢慢享受那一只只肉燕滑入味蕾的灵巧与柔润。

演唱会，觅食三部曲

厦门第一晚选择住集美，完全是因为第二天晚上要看偶像陈绮贞的演唱会（激动，撒花……）。为什么要不远千里选择来厦门看演唱会呢，可以简单地和大家算一笔账：

一般某明星，上海演唱会门票售价一般在 1580 元左右（现在可能还不止），而厦门演唱会第一排的门票售价仅需 780 元，特价飞机票来回 700 元（含税）。

这就是我为什么选择旅游时享受一场音乐盛宴了，嘘，我就把这个秘密告诉你，不要告诉其他人喔！

“你累积了许多飞行，你用心挑选纪念品，你搜集了地图上每一次的风和日丽……”《旅行的意义》音乐一起，惊艳全场。绮贞的音乐完全就在叙述我的人生，对我来说“旅行的意义”便是寻找各种从未尝试过的小吃，并与大家分享。

酱油蘸食，第一次觉得咸味的“绿豆冻”还不错嘛！后来我二姐跑来问候我们，见我吃的尽兴，就顺口说了句，你那么喜欢吃“海蚯蚓冻”啊，噗——我嘴里的东西整个喷了出来，再仔细一看，里面形似“绿豆”的东西正是被切了一节节的海蚯蚓，让我瞬间食欲全无。

厦门也有这么一个让我心里咯噔一下的美食，许多去过的同学都对它有超高的评价，当然对它闻之色变的朋友也不在少数，这就是“土笋冻”。说是“土笋”，差点以为是埋在土里特别品种的“笋子”，如果你知道主食材用的是一种“虫子”，你还敢吃吗？我的回答是：“敢，而且真的非常好吃”。

土笋，学名为可口革囊星虫，体短个小，相对沙虫体型明显偏细小，颜色黄灰黑交杂。它胶原蛋白丰富，加水熬煮后胶原质溢出，倒入小碗中，等冷却后凝结扣出，便是我们吃的土笋冻了。

估计很多人会和我一样有误以为“土笋冻”是用沙虫做的，其实不然，沙虫学名方格星虫，体长通常在10～20厘米，生活在海滩的泥沙中，和“土笋”完全是两种东西。沙虫宜炒、宜煮、宜炖，夏天拿来冰镇直接蘸芥末吃，这一番清脆、一番凉意岂是寻常鱼生所能比拟的。

一颗如蛋挞般大小的土笋冻，泛着半透明的光泽，看着有点脏脏的浅棕色，里面依稀可见白色的土笋，强烈建议大家直接把它忽略，当做猪皮冻来吃，心情会舒服很多。

闻一下，除了淡淡的海鲜味，并无其他味道。配土笋冻的辣椒酱是特制的，吃起来辣中带甜，还有阵阵冲鼻的芥末味，土笋冻Q爽透鲜，所以贪心鬼可要小心了，别蘸太多酱哦，不然路人还以为你受委屈，以泪洗面呢！

通往嘉庚路的中央，有一棵超级超级大的榕树，榕须缠绕，从墨绿色叶缝中透出似锦缎的光泽，沐浴着从树下路过的行人。向右转，是一条摆满小吃摊的小径，什么“包脚布”（杂粮煎饼）啦，葱油饼啦，满满当当几十个品种。

一个熟悉的招牌名字“古早人特色小吃——金包银”突入视线，旁边破落的黑

色喇叭里正循环播放着一首闽南语歌曲《金包银》。

许多人也许对“金包银”这个名字很陌生，这首歌在我初中时，与《爱拼才会赢》、《车站》、《爱情的骗子我问你》等闽南语歌曲并驾齐名，演唱者蔡秋凤小姐更是那时的“当红炸子鸡”。我知道这些歌是因家父当时在歌舞厅为歌手伴奏，几乎每周末都要用VCD播放这张闽南语合辑，在家放声高歌。可惜四首歌里以这首发音最难，导致我每次在KTV里只能用其他三首歌来撑场面。

蒸锅里随意摆放的“金包银”，没什么“架子”，亲切可人，从外观上看和上海的年糕团颇有几份相似，但这已是改良过的新品种。

传统的“金包银”在去厦门时并未寻见，据卖金包银的阿嬷说，以前的做法是将豆腐炸至金黄色，再将猪肉、香菇等食材碾碎塞入炸好的豆腐中，裹上粉，以“烹饪中最高的礼遇——蒸”来料理它。后来大家觉得先炸后蒸的做法过于麻烦，渐渐的就变成现在的版本了。

改良过的“金包银”最特别之处在于用藕粉做外皮，而不用豆腐，蒸后晶莹剔透，弹牙而不粘牙，Q劲十足。内馅也是相当丰沛，有香菇、笋干、瘦肉、虾米等各种极鲜之味融于一起。在演唱会时充饥，不会滴滴答答，弄脏衣服，大可一手摇着荧光棒一手捧食。

演唱会结束往回走时，有一家“杂物”店，完全让我着了魔。细细一看，无非是些盐酥鸡、鱿鱼条、地瓜之类的油炸物，但经过全场KTV一阵呐喊之后，肚子早就又饿了，尤其是在这七里飘香的炸物面前。

甘梅地瓜，它绝对是上海白领时下最爱的“十大下午茶小食”。但在当时，上海还是被里脊肉、香酥鸡所覆盖，好吃的鱿鱼须都很少觅到，更不用说是地瓜了。

看似简单的甘梅地瓜，只有严格按照“一浆、二炸、三梅粉”的方法，才会有诱人食欲的滋味。尤其是甘梅粉，必选台湾出产龙形图案Logo透明包装的那款，地瓜之味，才能得到升华！

噗嗤噗嗤两袋吃完，顿时精神好了许多。

PS：以上三款小食品味的时间也有讲究：

土笋冻，演唱会前的垫饥小点，清爽宜人。

金包银，演唱会中的饱腹小食，柔润鲜香。

地瓜条，演唱会后的减压小吃，酥嫩甜香。

正所谓风可大，发可飞，次序不可乱，若是提前吃了地瓜条，那估计演唱会现场必然是臭气熏天，“Enjoy”，只能和你说say goodbye！

春卷也Fusion

踏着轻快的脚步，每个憧憬青春、爱情、梦想的友人，都会来这座岛上留下回忆。所以，小鼓，我也来了！

小清新，是大家对鼓浪屿一致评价，童话般的各式小店，绿植相衬的白色窗架，还有那时不时出现在身旁的猫咪，连我说话的口气都变得“清新”起来……

上岛第一步，先找客栈，那些名气很大的主题客栈早就被一抢而空，环境上等，房价自然也上等。我预订的依佳客栈隐匿在老巷的民居内，一样小资，但价格却很nice，步行至岛中央的街区仅需五分钟，是不错的选择！

上岛第二步，换行头，图中神情呆滞一脸恍惚的男生就是我啦，除了有点学生味，清新、小资完全是搭不着边。都说女生三分靠长相，七分靠打扮，男生么，七分发型，三分服装，大家有什么其他的好提议，欢迎通过微博与我讨论。

服饰：用来装衣服的大箱子必须有一个，长袖两件、短袖四件，外套两件，裤子两条，加上当天出门穿着的一套，混搭之后，至少可以出七八个效果。

修饰：为什么不说妆容，因为确实没有到那个地步。我的随身包里一般有发蜡一盒、发胶一罐、BB霜一支，基本就能满足男生的基本需求。若你和鱼菲一样，天生眉毛稀疏，那眉粉一定是我们的好朋友，当你在拍照时，绝不会拍出《大话西游》里那无眉蜘蛛精的恐怖模样了，不过也不要太贪心，免得变成蜡笔小新。

配饰：小配饰方便携带，顷刻间让你的照片更为出彩。墨镜、无框眼镜，各带一副，装那个啥，嘿嘿；戒指，一直戴着，已经习惯成自然；别针，衣服、包包上随意配搭。简单来说，就是让我们的照片不输大片，处处透着小清新就行。

魔哩咕厘，咻~ 变装完毕！孔雀蓝假两件外套，小熊别针，大框墨镜，我假装大学生有人会信吗？

岛上大都是有坡度的石板路，万国建筑在这里随处可见，我却独爱这簇从墙缝里探出的红花，与红砖楼房一柔一刚，苍劲中透显柔媚，如桃腮粉颊，红花青袖，与这风一样的男子倒也相衬。

游鼓浪屿，千万别计划，因为计划绝对赶不上变化。你随时会被吸引进一家小店，挑一张椅子，点一杯咖啡，在闲适音乐熏陶下，翻翻其他游客在留言本上写下的

回忆，寻处背景，拗个造型，“咔嚓”一声，用相机纪录当下的美好！

岛上第一个让我觉得惊奇的东西，不是其他，而是“春卷”！不是吃腻了的白菜肉丝炸春卷，也不是流行过一阵的鲍鱼海参天价春卷，更不是包着虾仁柔润弹牙的越南春卷，它是横跨中西古典到现代的创意春卷——香菜花生冰淇淋春卷。

春卷皮就是普通小铁炉上烙出来的，薄薄一层，花生碎、香菜叶、炼乳、冰淇淋，只见小哥手法娴熟，三两下就弄好了。我张大嘴巴一口咬下去，没想到花生末里还加有花生粒，嚼在嘴里“咔嗞咔嗞”，酥脆的不得了，香菜与花生和冰淇淋融合后，少了“刚烈”的味道，透出它独有的淡淡香气，解了冰淇淋的甜腻，也察觉不到春卷皮原来略有的粗糙感，只剩下栩栩如风的米香遗留口中。

我在想这台湾春卷，若是换成榴莲在里面，哎哟~在上海估计光排队就要排上好几百米了。

吃过开胃小点，直接切入正餐，对于海鲜其实没什么特别好介绍的，濑尿虾、章鱼、螺、生蚝，都以最简单的方式呈现，无论清蒸还是酱爆，那鲜味一尝便知。但在厦门，有种被称作“酱油水”的做法来烹制海鲜，浓姜淡酱总相宜。

中午找了家看似还不错的小店，章鱼直接用葱姜伺候，些许酱油，应该是我这辈子吃过最嫩的章鱼了。盐水濑尿虾，剥开大都会有条深色的膏，硬硬的很有嚼头。酱爆螺味道一般，并没想象中出彩，粉丝烤生蚝口味还算不错，只是鲜蚝不怎么肥美，点上一盘随便吃吃倒也无妨。

午膳找小店绝对没问题，但必须事先问清价格。结果第一顿我就被华丽丽的斩了。点了上述四个菜，外加生蚝刺身一个和饮料一份，预估300元有余，没想到一结账，460元！我看着单子两眼犯傻，只怪自己没有核对账单，最后只得乖乖买单。当时心里满是疮痍，但和近日在海南三亚曝出的千元天价账单相比，感觉自己碰到的不过是把杀鸡刀，小巫见大巫了。

逛菜场，淘海鲜

上海的田子坊原本是一个极尽创意之地，现代与传统的交汇，加上一些小清新路线的店铺，也是周末打发时间不错的选择。但日渐商业化的运作模式，让许多创意店家悄悄搬离，剩下的只有浮华。

十一月的天，不到六点就已暗下，鼓浪屿那些星星点点的小铺都亮起了灯，褪去白天的喧闹，那些小店被黑夜妆点出另一番味道。一切都变得柔和婉约，如同爵士女伶一身黑色礼服轻轻吟唱，灿若夏花般清新。

鼓浪屿的夜晚，带着丝丝凉意，换上兔子装的我，顿感温暖。鼓浪屿中央四通八达，随便从哪个小径小巷都可以走出去，这一走，居然让我发现岛上还有个菜市场。这下，可是兔子掉进胡萝卜堆了。

菜场约莫半个泳池大小，放眼望去，除了海鲜还是海鲜，各种奇奇怪怪的海鱼，大大小小的贝类，还有那缓缓蠕动身体的小鲍鱼，每一样都让我垂涎三尺。

我是行动派，想要做的事情，立刻就办，不出10分钟，晚餐食材就已采购完成。

清单如下：小鲍鱼，10只，30元；红鱼1条，35元；扇贝4只，20元；花蛤1斤，5元；梭子蟹2只，60元；总计150元。

买好后如何处置呢，两个选择，去小海鲜店或是民居代理加工，小鼓的居民都很亲和，沿街的居民有些会挂一块代理加工的牌子，价格和海鲜店一样，每份5元，若加些配菜，就收取5～10元不等的食材费，一般为豆腐、蔬菜之类。

因为担心海鲜在烹饪时被掉包，特意选了家炉灶摆在外面的小店。我也不怕“油烟”，就坐在旁边，面向炉灶。东西给伙计后，他倒在一个盘里，清洗、处理，我就像学生管理员大妈防止有男生半夜偷偷溜进女生宿舍一样，直勾勾地看着我们的海鲜，直到下锅、上桌，才长舒一口气，毕竟中午才掉“坑里”，前车之鉴啊。

晚上的菜，以蒸和“酱油水”为主，颇为丰富。“酱油水”是将食材快炒，用酱油调味后，再入锅蒸，吃起来鲜嫩且不失海鲜的原味，是厦门地区特有的做法，例如，酱油水杂鱼、酱油水章鱼等等。

在鼓浪屿湛蓝的夜空下啖一尾红鱼，是人生极大的享受。卖鱼的管这叫红鱼，估计是因其色如朱砂般红艳的鱼皮，有人还给它起了个“红美人”的昵称。蒸鱼讲究好鱼、简料、掐时，有了这新鲜的红鱼，面开三刀，码放上姜和料酒，中火隔水蒸上6分钟，淋上酱油再蒸2分钟，撒上小葱，8分钟便出落这碟颜色“迷人”的红鱼。夹起一块弹性极佳的鱼肉，蘸点酱油水，满口生花的鲜甜清香，极妙。

扇贝、花蛤，就像海鲜里的清丽仙子，轻轻一咬，与唇齿的触碰如葡萄般软嫩，鲜甜的汁水瞬间绽出，腴美的滋味回味悠长。我要给你Yes！Yes！Yes！

素有“海味之冠”称号的鲍鱼，自古以来就是“海八珍”之一。而两头的溏心干鲍，更是被饕客视为奢华之物，其味虽美，但费工费时费钱，绝非寻常人家所能烹制。新鲜鲍鱼，则亲民多了，处理得当，也能展其芳华。

鲜鲍要在家做出软嫩弹牙的口感，有两种方法：第一种方法要感谢好兄弟Jason的亲手相传，鲍鱼洗净，去其牙齿和内脏，鲍鱼肉单独取出，放一块砧板上，盖上一块毛巾，用肉锤用力地敲打3-4下，使其组织松散；切片后黄油略煎，最后淋上酱汁，脆嫩的口感绝对让你闻之垂涎、食之难忘。

若是深海里的大鲜鲍，敲打后直接切片刺身，佐以芥末和酱油食之，滋味极佳。入口冰凉，咸鲜中带有浓郁的芥末味，层层而出。

二是将鲍鱼开花刀，切成如墨鱼花那样，豆豉佐味、蒜蓉增香，蒸至香味飘出，放上调味炒熟的粉丝，一朵朵盛开的盘丝鲍鱼花就呼之欲出了。

按以上要求，晚上点的这份鲍鱼烹饪技术也就60分，色、香、味皆有，唯一遗憾的是口感略差了点，蒸得有点过头，再多几秒，估计就要向塑料靠拢，咀嚼难咽了。

最后这蟹一上来就霸气外露，瞧这眼神，挑衅意图明显，敢靠近试试，小心老子的“钳你漂漂拳”。不过你别忘记我可是鱼菲，“菲”（飞）起来看看你怎么钳，哼！

吃蟹，我可是熟手，挑灯食蟹的日子，摆上一排工具，花上一个小时，食蟹啖鲜，吃完还能将蟹壳重新组装成整蟹，最高纪录6只4两的大闸蟹，颇为得意。

当然，海蟹无需“做作”的工具，直接用手。卸开盖头，舀一勺姜醋，嗖嗖两口，蟹膏混合着蟹肉就被吮吸进口中。接着掰下大钳和蟹脚，用筷子一捅，蟹肉整个就被轻松剔出。细小的蟹脚拿起来两头一咬，轻轻一吸，松软的蟹肉一下跃入口中，

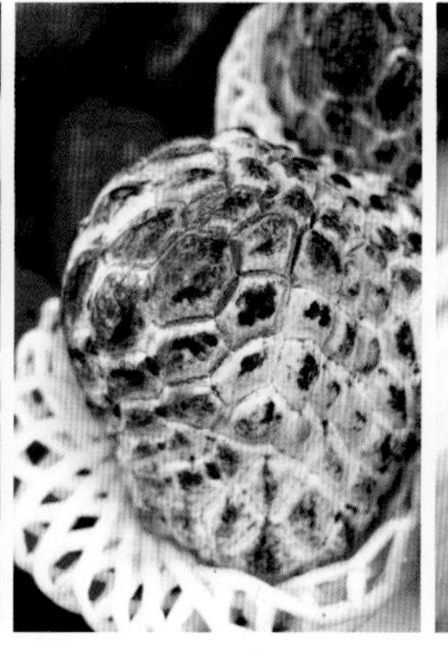

舌尖与蟹肉的缠绵，甘甜如饴，如春风拂面般在口中慢慢散开，意犹未尽。

吃饱，还没喝足，回客栈的路上，发现做“马拉嗓”的果汁摊，资深吃货岂能错过。我探头望了半天，满眼都是新鲜的水果，菠萝、芭乐、香蕉、橙子、杨桃……难道是要在里面加点调味料？老板看我满脸的疑惑，主动介绍：“马拉嗓”源于台湾，本是喝醉酒的意思，传到鼓浪屿就变成了“大家不要喝醉，喝天然果汁好”的涵义。喔~我顿时头顶轻松、茅塞顿开，那就来一杯释迦马拉嗓吧，对于潮湿的岛屿气候，用热性的水果去去体内的湿气不失为一个好的主意。

一天下来，温饱思困意，“照图寻墅201”就是我的房间啦，想要继续体验鼓浪屿之美，请明早准时敲门，我先去找周公咯。晚安，关门，放鱼><！

琴岛石阶上的“冰石花”

今天是我人生第27个生日，能在“琴岛”度过，独具意义。自小3岁随父习琴，后因学业、工作等原因，没能将技艺学尽，实属遗憾，现在偶尔敲击琴键，寻找音律中的感动，让菲爸多少有那么点安慰。

鼓浪屿素有“钢琴之岛”的美称，钢琴拥有密度居全国之冠，走在通往钢琴博物馆的小径上，时不时能听到从民居内传来的悦耳琴声，与海浪的拍打声琴瑟和鸣，上山的脚步也倍感轻松。

踏进博物馆，一架诞生于1872年的巨型管风琴矗立眼前，2层楼的高度，80个音栓、近3000根音管、4层键盘，只有等你亲眼所见才能体会到它的震撼。

我与Leo去的时候正好遇到一队游客，听导游说馆内共收藏了胡友义先生提供的70多架古典钢琴，每一架都极具特色。看到这架金棕色的管风琴时，“呕～我的小鸭鸭，快过来给南妮抱抱”，我情不自禁地脱口而出，周围游客一阵欢笑，你是不是和我一样，想到《怪鸭历险记》里的Duckula伯爵了呢，这句经典搞笑的台词，曾伴我们度过多少个美好的暑假呢。

离开博物馆之前，我选了一架和我小时候弹过的风琴有几分相似的木琴，弹奏了一曲我最爱乐团BANDARI的《Childhood Memory》，来表达我对钢琴的尊敬。Leo对我这个自恋狂已有些不耐烦了，哈哈！

上山容易，下山难，这句话在鼓浪屿得到充分的验证，45度斜角的坡度走起路来，跌跌冲冲，我只能施展“移步大法”来行走，请跟我念口诀：“旋转，跳跃，我闭上眼……”

山居，是我对山中民居的简称，相信住在山上的居民都有双“无影脚”，像我单程一次，已经气喘吁吁，每天来回这样步履蹒跚，简直要我老命了。

山中不比山下，走到半山腰，才发现一个卖吃的小摊。“冰石花”，直觉告诉我觅到好物了。看似凉粉的石花，前面还有一袋类似“肉松”的东西，难道是加在里面的料？好在我长了一张娃娃脸，东一声爷爷，西一声姥爷，关于石花的秘密，请搬一张板凳坐好，听我娓娓道来。

冰石花，也称石花膏，是从闽南沿海边的岩石上刮取的“石花草”提炼出来的。做工繁复，必经“六晒六泡”，才能熬煮成米黄色的半透明汤汁，冷却后扣出，便得到这一片片圆形的石花冻。

那团像“肉松”的棕色棉絮物，正是晒干后还未熬煮的干石花草，原料展示，对我这种

没有“见过世面”的小白还是很有必要的。

冰石花的吃法与仙草差不多，唯一的区别是除了蜂蜜之外，还会滴几滴白醋，老爷子说这样不仅可以去除淡淡的海腥味，还能提升口感。

晶莹剔透的石花冻，吹弹即破，在风中微微颤抖。蜂蜜中飘出的田园花香透着一丝鲜甜的果香，甜度足矣但绝不腻口。白醋，以酸促甜，让石花的口感更加清爽，就像光着脚躺在沙滩上，阵阵海浪打在身上般凉爽，疲惫，瞬间烟消云散!

终于知道我为什么会属猪，离山脚还有一点距离，我又开始嚷嚷肚子饿了。东张西望一番，一线到底的民居中探出一个“小酒馆”的招牌，就像沙漠中的一池湖水。窗台边摆放的绿色盆栽、木夹悬挂的明信片，还有从“酒馆”里传出的吉他声，弦音清澈悦耳，我迫不及待推开门走了进去。

一个眉清目秀看上去比我年龄稍长的帅哥，正坐在吧台后拨弄吉他，见我进来，忙放下吉他招呼我。名字虽是“小酒馆”，但我少看了两个字“咖啡”，三根“黑线”立刻挂在我的脑门上。看来想怡情小酌是不太可能了，对于三明治我又不感冒，“那就来两份南瓜芝士蛋糕”，我一脸无奈地说。

环顾四周，十方见底的“小酒馆”并不大，贴满旅客照片的白墙已有些发黄，桌上随意摆放着玩偶，小小的“酒馆”被各种清新萌物堆满，却处处透露着温馨。桌上好多本留言簿，随便翻开一本上面记着的都是情侣、好友、姐妹、兄弟的快乐记忆，我也在其中一本上留下了我的画作，期待有缘的你来发现。

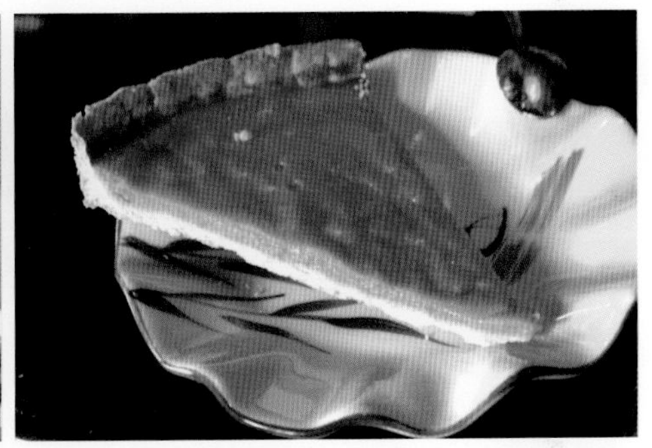

南瓜芝士蛋糕来了，1/8扇形的样子，乍一看还以为是南瓜披萨呢。帅哥说特别用低温烘烤而成，上层的芝士呈现出自然漂亮的南瓜色，柔软细腻，芝香浓郁，压泥过筛的步骤定是没少做。点到即止的甜味，完全出自南瓜天然的甜香，底下的“蛋糕”更应该称之为塔皮，厚薄均匀，酥香四溢，一看便是用心的手作之物。能尝到如此“智慧”的生日蛋糕，此行无憾！

食素喫茶，舍荤；与知畅聊，得智；有舍有得，功到自成，勤也！（鱼菲心情随笔）

飞回来的伴手礼

去厦门，帅哥美女都一样，一箱子衣服塞得满满的，别说放吃的，估计能把带去的衣服，顺利塞回去就不错了。不过，不用担心，关于伴手礼，让它们在空中飞一会儿吧。

相比其他的景点，鼓浪屿的小店售后服务则更多了一份贴心，伴手礼买完可以请店员帮忙快递回你的城市，买到一定数量可以包邮，量不够只需支付相应的快递费。千万别为了节约那点小钱，结果飞机行李超重，那费用估计能再买好几套伴手礼了。

桂莲

以花入赘，果以干晒，Tiffany蓝将红色衬托出魅而不惑的味道。推荐浆果和干花瓣，沏茶、西点皆可，放在玻璃瓶中作为摆设倒也不负它天然的美色。

Babycat 御饼屋

浓郁古早味的台湾小店，酥饼品种很多，米色和白色包装看起来很舒服。绿豆、南瓜和蛋黄，三种口味是我的最爱，家里若有患糖尿病的长辈，可以选择无糖。

苏小糖

听名字又是一家卖萌的小店，对她们家的茶和酥饼没什么感觉。推荐玫瑰花酱，香气沁心宜人，直接兑水冲开，一杯玫瑰花茶就诞生了。

陈罐西式茶货铺

很多人是冲着这个好玩的名字去的，据说现在附近开了家“张伯芝华仕酒吧”，大家都懂，不解释。推荐圆罐扁盒，水仙、正山小种、一枝春等九款味道，包装也很漂亮，有礼盒也可零买，性价比颇高。

胜福兴

截止出稿前，这是我到目前为止吃过最好吃的绿豆糕，没有之一。吃前记得一定要冷藏3小时哦，期待大家和我一起被这幸福的味道所感动！

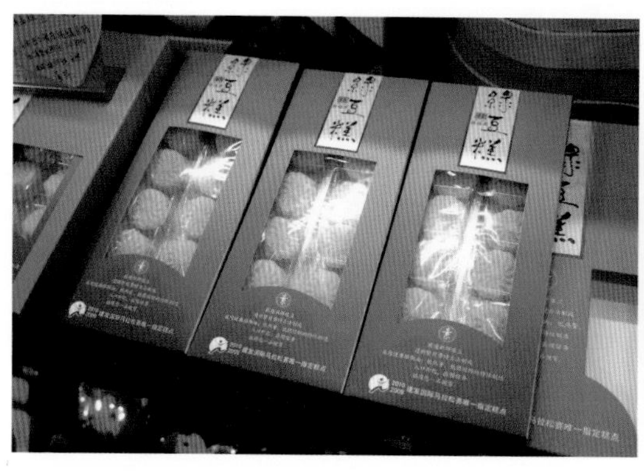

明信片

随便走入一家“杂货铺”基本都有，岛上的邮局在山上，我下山的时候发现一个，但是周末不开门。建议大家可以事先问问岛上居民，或是带到厦门市区再寄。现在网上和有些小店可以用自己拍的照片做成明信片，不介意投寄地点的朋友，可以制作自己的明信片再寄，收到的童鞋一定惊喜连连。

芒果雪梨青口贝

一树梨花垂青口，满口恋香爱芒果；夏海果香揽入口，品鲜尝甜惊四座。

材料

青口5个、芒果半个、雪梨1个、黄瓜1段、莳萝花1簇

调味料

清酒1小杯、芥末调味汁半碗、柠檬橄榄油几滴

做法

1 青口壳肉分离，沸水下清酒，壳、肉焯水断生

2 黄瓜切片，撒上海盐和芝麻，放上青口壳

3 青口肉浸在芥末调味汁中，2分钟，捞出放在壳上

4 芒果、雪梨切丁，堆放在青口肉上，莳萝花点缀即可

酱汁不可直接淋在果肉上，避免影响口感。

越南芒果虾卷

盛“虾”之味，蝉翼包裹的浪漫，头戴斗笠的越南新娘为你准备的开胃前菜，你准备好了吗？

材料

基围虾20尾、姜3片、芒果1个、苦苣1簇、越南春卷皮6张

调味料

鱼露3勺、蜂蜜1勺、白葡萄酒少许、葱花、辣椒1个、柠檬醋3勺

做法

1 虾洗净，去壳去沙线，中间开背

2 沸水下姜片、白葡萄酒、虾，变色后捞出

3 芒果切条，苦苣折成手指长短

4 30度温水，将越南春卷皮浸在水中约10–15秒左右

5 平铺在案板上，依次放上苦苣、芒果、虾肉，像包春卷一样包紧

6 对切装盘，20秒左右，春卷皮会慢慢变软

Tips

越南春卷皮变软会有段时间，不可在水中泡到糯糯的感觉，否则卷皮稍后就会糊烂。

三文鱼塔塔

一口鱼香，二口面香，三四口色香味具矣

材料

三文鱼1块、法棍1段，莳萝花3朵、黄油30克

调味料

橄榄油3勺、黑醋7勺

做法

1 法棍切片，刷上一层黄油，烤箱160度2分钟

2 三文鱼切丁，均匀堆放在法棍上，莳萝花点缀

3 橄榄油和黑醋以3∶7的比例调和，淋在三文鱼上，直接送入口中

莳萝花有特殊香气，搭配三文鱼口味出彩。

番茄甜酒青豆泥

三珠映月照碧水，留得一池涟漪清

圣女果3个、白木耳1朵、青豆150克、净水100克、梅子酒少许

砂糖30克

做法

1 圣女果洗净，放入滚水中汆烫几秒捞起

2 待凉后慢慢将皮撕下，放入梅子酒中浸泡10分钟

3 青豆、白木耳入滚水烫熟，青豆放入料理机，加入纯净水、糖打成泥

4 青豆泥铺于盘底，圣女果、白木耳点缀即可

浸渍圣女果的梅子酒也可用百利甜酒替代。

蜂蜜酱烧鲍鱼

惠如春来，鲍珍天物，一涛江水向东流。

材料

新鲜大鲍鱼1个、小番茄3个、鹌鹑蛋3个、葡萄酒2勺、青豆5颗、粟米5颗、孢子甘蓝3个、小白洋葱1个、黄油2勺

酱汁比例

柠檬醋、生抽、老抽、蜂蜜 1:1:0.5:1.5，葱末和芥末酌量

做法

1 鲍鱼用刷子将鲍边刷洗干净，去除内脏和细牙，切片，淋葡萄酒腌渍

2 青豆焯水，沸水煮开，鹌鹑蛋下水2分钟30秒，冷水降温，剥开对切备用

3 黄油煮化，洋葱切片煸香，孢子甘蓝对切，小火炒香，下盐、黑胡椒，出锅

4 将味料按比例调成酱汁与黄油和洋葱炒香，下鲍鱼，翻炒30秒即可

> Tips
> **鲍边上看似黑色的“花纹”，实则是污垢，必须用刷子刷洗干净；鹌鹑蛋做的是溏心蛋，不喜欢溏心蛋的，煮的时间可以延长 30 秒。**

意大利海鲜饭

夹生饭？纯正的意大利饭就是夹生的口感，海鲜提味，尽显主食的王者风范。

材料

意大利米便携包1盒、鸡汤500毫升、黄油1勺、洋葱半个、柠檬半个、扇贝3个、小墨鱼5个、盐

Tips 意大利饭一般都是吃夹生的，如果吃不惯可以加多些鸡汤，多闷一会。

做法

1 黄油锅内融化，下切丝的洋葱，煸香
2 倒入意大利米，煸炒后，倒入鸡汤，盖盖闷 15 分钟
3 柠檬切成花型，扇贝、墨鱼洗净
4 扇贝另起锅烤熟，把墨鱼用黄酒腌渍后煸炒
5 将墨鱼放入米饭中煸炒，盐调味
6 最后插入扇贝即可

低温辣烧墨鱼

千呼万唤始出来，“鱿”抱琵琶半遮面

墨鱼须1只，牛油果1个，梨1/2个

酸辣粉3勺、盐1勺、橄榄油2勺

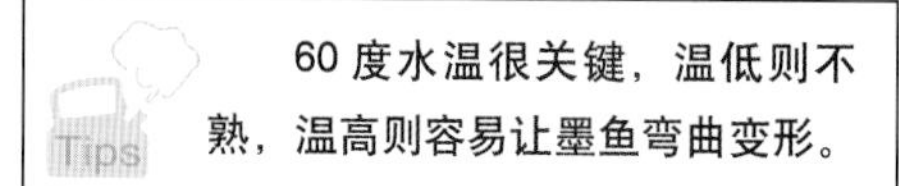

Tips 60度水温很关键，温低则不熟，温高则容易让墨鱼弯曲变形。

做法

1 墨鱼洗净，将酸辣粉、盐、搅碎的梨末，橄榄油拌匀腌制3小时

2 将腌制后的墨鱼须整齐以1根为中心，环绕摆放，用保鲜膜包紧，用塑封袋真空封好，入60度水中10分钟，捞出，放入冰箱急冻2小时。

3 冰箱中取出墨鱼，切片，置于牛油果条上。

糖脆

油锅里的华尔兹，延展后的简约之美

低粉250克、水420毫升、黄油50克、鸡蛋2个、盐1小撮

肉桂粉（玉桂粉）30克、太古糖粉70克

做法

1 水加盐煮开，离火加黄油
2 面粉全部倒入，搅拌均匀成面团
3 打蛋器边搅拌边打入鸡蛋，不粘手为宜
4 将面团装入裱花袋，挤入热油中低温炸至金黄色
5 糖脆晾凉后，将肉桂粉和糖粉混合，均匀洒在糖脆上

Tips 炸糖脆的火不可太大，避免发泡失败。

成都这座“天府之国”，在上世纪就已列入我的旅行日程。没想到一等就到了下个世纪，短短几日不能将当地美食一一尝尽，留在味蕾中的回忆却足以让我“绕梁三月”。

1 相隔一世纪的火锅
2 「甜猪手」vs「鱼美人」
3 当传统遭遇现代
4 实现梦想的老妈蹄花
5 午餐，随遇而安
6 还有好食材
7 熊猫麻婆豆腐
8 台风吹来一朵静心莲（番外篇）
9 正宗土特产
10 菲尝食谱

相隔一世纪的火锅

成都这座“天府之国”，在上世纪就已列入我的旅行日程。没想到一等就到了下个世纪，短短几日不能将当地美食一一尝尽，留在味蕾中的回忆却足以让我“绕梁三月”。

成都第一天，随好友一行前往“杜甫草堂”，夏末秋初的时节，酷热难耐。草堂内，几栏竹篱、一池湖水，依岸而居的几间草屋，道出杜甫清苦的晚年生活。他那首“正是江南好风景，落花时节又逢君”，仿佛提早预知了自己的结局。

殊不知，在2012年，这位诗人被赋予漫画角色后从古穿越至今，在网上轰轰烈烈又风靡了一把，可谓前无古人，后无来者。后来，更是联合李白唱了好多出让人浮想翩翩的“漫画哑剧”，在微博上几乎无人不知，无人不晓，拜见“杜甫”似乎也成了来成都观光的必要项目，一众好友自然也不能免俗。

旅行，除了游山玩水，觅食赏味绝对是No.1的头等大事。每到一处，恨不得掘地三尺，将那些传承百年纯朴古着的传统味道统统打包回府。

惜别杜大人，我们早已饥肠辘辘。第一顿午餐，大家意见出奇的统一，火锅！为的就是一亲“红油”的芳泽，一尝“川椒”的辣韵，一嗅“油碟”的妙香。

本想去蓉城老妈或德庄试味，结果一路上大家肚子轮流“咕咕叫”。看表，早过两点，就让司机师傅找一家过得去的火锅店就近停下。车子停在一家有点大红色镂空木门宫廷风十足的火锅店门口，名叫“老码头”。司机说这家在成都虽算不上最好，但滋味还不错。

走进店内，热闹依旧，过了饭点居然还能有80%的上座率，看来司机没说假话。坐下，懒得翻看菜单，要了麻辣锅底，让服务员把店内的招牌涮菜都来一轮，四个大男人消灭这些东西绝对绰绰有余。

趁着上菜的间隙，介绍一下这次旅途的伙伴。大李，医学系博士，对美食唯一的要求就是要辣，就连炒个青菜都得放，让我每次和他吃饭都很“受伤”。小李，大李的弟弟，金融投资一把手，股票、基金，样样精通。老王，一个曾在成都读书、工作十几年的老饕，看他已有些圆润的肚子，相信作为此次地陪，他应该不负所望。

装满红油的铜锅最先被端上来，满眼辣椒、花椒，还没吃，额头已渗出不少虚汗。中间铁圈隔开的内锅盛有番茄、红枣和大葱的清汤，被红油严严实实地包围，孤零零的，四面楚歌。这锅底如果放在二十年前的上海，估计没几个人敢下筷。好在川菜盛行的这些年，把上海人的舌头变得坚韧不少，嗜辣爱麻的吃货，一揪一大把，挑战那些变态辣、极致辣的人不在少数，全都要归功于这些年“川菜馆子”的“酷刑”洗礼。不过第一次在“川辣”始祖的地盘上拜码头，心里多少还是有点畏忌。

向当地老饕“拜佛问道”，好的川火锅，第一，辣椒面必选当年新种海椒，晒干后剔出辣椒籽，分别研磨而成。第二，用的“花椒”并不是我们一直口口相传的大红袍，而是四川汉源出产的新花椒，其香更浓，石器碾碎后油润麻香，“沁人心脾”，完胜大红袍。第三，郫县豆瓣、永川豆豉缺一不可，底油的红亮就来自它们，集齐这三点，锅底至少可以打个八十分。

剩下二十分，便是油。在四川，使用“老油”是传统，许多火锅之所以会越煮越香，灵魂便是老油。老油，就是将使用过的火锅油打捞残渣，沉淀、过滤、杀菌、消毒等处理后，重新提炼再用于火锅汤料中，这种油在火锅行业里被称为“老油”，也就是现在所说的“回收油”。因为健康问题，政府规定现在所有的火锅店必须使用一次性新油，不可重复使用。那些良心商家为了保持浓郁底味，在原有的菜油、茶油中添加了牛油增加香味，保持了原汤的温度，吃起来不差，但对于那些忠于“原味”的老饕来说，总不及那吸收了日月精华的“老油”来得精彩。

锅底差口气，只能靠“蘸水”来补救。蘸水，是成都当地的叫法，通常我们称之为“蘸料”或“蘸酱”，成都多以“碟”盛放，故名“蘸碟”。蘸碟，分为湿碟和干碟两种，和上海人爱用沙茶酱、南乳汁和花生酱的混搭吃法完全不同，这里，除了香油、蚝油为罐装，其他蘸料都以碗为器直接放在桌边，蒜泥、小葱、香菜、椒盐、辣椒面和花生碎，一个都不能少！

碟子上桌，老王让服务员再加一碗蒜泥，如此霸气的吃法，仿佛大蒜本身性温、味辣的浓烈气味，从来就不存在。“火锅前无淑女，大蒜中无绅士，天下那些不吃大蒜、不喜大蒜的人，一生中要错过多少美食世界里的绝妙山水？”《我的川菜生活》中的这段文字一语道破“蒜”在火锅中的地位。想想烫一片嫩到极致的鹅肠，锅里来回三下，再在已被蚝油润泽的蒜泥碗中“滚”上一圈，脆爽鲜嫩，丝毫顾不得大蒜倔强的“脾气”会影响我们的口气，吃得那叫一个畅快。

涮过鹅肠，等了许久的羊肉、牛舌、黄喉也纷纷跳入这一锅麻辣红油中，一起一落，与蘸水激情碰撞之后，直接在舌尖上跳起了火辣的桑巴，吃的人个个面红耳赤，估计一会儿走出去，都撅着一抹玛丽莲梦露式的性感红唇了。好在这家没卖香肠，不然想说这帮“穷凶极恶”的家伙吃完每人嘴上还叼两香肠，叫人笑话。

吃饭时还有一件趣事，这里的香油是易拉罐装，和我点的某凉茶包装非常相似。我以为是饮料，直接打开海饮一口，结果油了一嘴巴。其他几人那叫事不关己，笑得前俯后仰，眼睛都眯成和济公一样了。原来他们早知道这是蘸水的配料，故意看我好戏。自作孽不可活，岂能怪别人，只好哑巴吃黄连，闷特。

“甜猪手”VS“鱼美人”

火锅吃罢，顿感肚肥腰粗，大家已无心游逛，决定回宾馆小憩片刻。“咚咚咚”，在一阵急促的敲门声中我打开房门，“吃饭了”，大李说道，“我学长请客”。天哪！四人才消灭完满满一桌肉食，第二顿饭离火锅结束不到两个多小时，又要开吃。“好吧，换身衣服就出门”，我用阴阳怪气夹杂一丝无奈的口吻说。

二十分钟后，我们坐的出租车停在离川大不远的天桥边。川大人才辈出，记得我喜欢的一个歌手张靓颖好像就是川大外语系毕业的。她那天籁般的好嗓子是不是也是吃辣吃出来的，高音就像干海椒，辣得极致漂亮，中音是二荆条，色泽红亮，香味悠长。

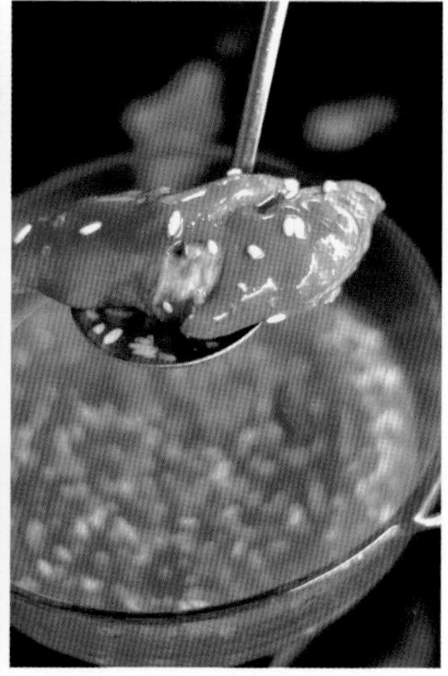

（猪手照片 by舌尖上的摄手）

下了天桥，很远就看到晚上就餐的“成都老菜馆”，圆拱木桥，池鱼嬉水，古色古香的中式装修，一派江南小调之味，完全觅不出半点红油辣子的气息！细看，桌椅墙柱细节之处均有破损，看得出装修已有些年月。

最里面的半敞开式包房是我们的位置，集体坐定，介绍寒暄后，他们开始忆当年了……我特意挑了一个最外面的座位，趁这个间隙，职业病又犯了，拿单反怕吓到人家，就掏出手机有点贼眉鼠眼地对着桌上的冷菜开始一阵“偷拍”。后面热菜，随意拍了两道便“忍痛”收工，毕竟是客，怕别人说这“小屁孩”怎么不看场合！

一桌子菜中，有两道我是第一次见到，都以口味怪异著称！第一道是“醪糟猪手”。“醪糟”就是“酒酿”（西塘篇已有详细介绍）。服务员刚端上来时，油亮亮的一盆“汤水”，晃如琼脂，上面还飘着几颗枸杞，以为是甜羹，直接拿起勺子下手，没想到戳到硬的东西，舀上来一看，居然是块猪手。这看似腻口让人有些摸不着头脑的奇葩组合，如果出现在喜甜的江浙地区，大部分食客亦会觉得有些奇怪，更不用说出现在连蔬菜都会下辣子的四川，着实让我惊艳了一把。

醪糟的甜味裹在猪手外面，甜不腻口，嚼起来有股特别的卤香。皮弹牙，肉酥香，没有到那种一咬就下来的软烂程度，爱不释口。

一连三块下肚，才发现这不是单人份的，抬头窥视一圈，发现大家居然都看着我，瞬间心跳加速，脸红了大半。学长见状，立刻打圆场说：“多吃点，特意给你点的，我们不爱甜食”，然后继续谈笑风生。随后我再也没好意思碰过那碗猪手，虽然到最后大家确实一块也没动，也不知是真不好这口，还是特

地留给我的。

第二道菜有点“妖”，色如朱砂，艳胜胭脂，活脱脱私宴场里身着旗袍华服的名媛，我为它取了一个好听的名字“胭脂鱼美人”。有了刚刚的“教训”，这次绝不第一个动手，免得又“自毁颜面”。朋友相继动筷，我才慢慢将转盘上的鱼转到自己面前。一股似曾相似的酸辣味窜出来，极像泰国冬阴功汤中香茅的味道，细尝之后味道明显比香茅更加浓郁，回味也不相同。

老王毕竟在成都混过些年，据他所说，汤里特殊的味道和颜色均来自于发酵过的特种番茄。当地管这种“番茄”叫做“毛辣角酸”，色淡红，切开透着股清香，我重复读了好几遍，还是很拗口。苗寨中有“三天不吃酸，走路打捞穿”的说法，形容三天不吃酸味的食物，走路都无力，酸汤鱼便是他们最爱的“镇寨”之宝。

酸汤做法，按一定量的毛辣角酸下红辣椒、下盐、下仔姜、下蒜头、下糯米粉和白酒，灌满泡菜坛，密封加盖半月，自成一坛好卤。吃时，将料连同腌出的汁水，绞碎下锅，七铲八翻，可鱼、可鸡、可虾、可蛋。当然也可素吃，蒜苗掐成寸长，一把撒下，一青一红，热情洋溢的辣香蕴涵着爽口清洌。

前阵子，受@食家饭姐姐邀请，与@老波头哥哥等一行吃客来到一家名叫“苗家印象”的贵州菜馆尝菜，再一次尝到了许久不见的“酸汤鱼”，幸运的是还吃到用米汤发酵的白汤鱼，若把红汤比作招蜂引蝶的茶花，白汤则是含羞遮面的水仙，隐隐的轻辣慢慢淡出，多一份素雅，少了一丝霸气。

阿妹还会“喂”你喝贵州运来的米酒，在苗族当地宴请贵客时，阿妹会手拿酒杯，喂客三杯，以表对客人的尊敬。此时客人手绝不可碰杯，否则她们会以为你酒量好，继续喂你喝，直到你把手“乖乖”放好。

无论是“妖气十足”的酸汤鱼还是“甜糯奇怪”的醪糟猪手，只能将它们视作皇宫中的嫔妃，偶尔召唤，一叙情愫。

当传统遭遇现代

来成都之前，恰巧一群“姐妹”早我一步来此，为我寻花探路，对成都的“锦里”和“宽窄巷子”赞不绝口，有时间定要去逛一圈，体验一下从“集市”到“仙境”的穿越，好在我不负恩泽，“走马观花”形式主义地走上一遭。

锦里和上海的豫园颇有几分相似，存放着当地诸多的文化与传统，有些我儿时曾见过却早已销声匿迹的把玩小物，在这里还留有最后一席之地。耍货，就是其中之一，玩法我早已不记得，尖嘴猴腮的悟空形象，却勾起了几分亲切的回忆。

我拿起中间一只耍货，黄色的猴子双手牢牢抓住两边红色的支柱，用手左右晃动一下，猴子就翻了一个跟头，灵活的动作丝毫不输体操界的明星。

据“卖耍”的老人说，耍货以前叫 “老玩具”，我国独有，已失传30多年， 直到2007年有位叫朱正国的民间艺人，公开摆卖，才将此物重现大家的视野，据说锦里的这个小摊是目前国内唯一制作出售它的地方。但印象里我儿时的的确确曾有见过，怎会是30年呢？这个有待大家的考证。庆幸的是现在还有这些尊重传统且愿意传承并拿出来和大家分享的“艺术者”，坚持至此，在此深鞠一躬。

走着走着，一回头，那几人不知一溜烟去哪了。往前走了两步，发现他们正在一家名为“张飞”的牛肉店里排队，我一看卖干卤牛肉，立刻没了兴趣。牛肉，以咖喱烹之、以红酒烹之、以黑椒烹之……都是我的心头好，唯独对这卤制的干牛肉无动于衷。面前伸来一块用竹签插着的牛肉，原来他们已经排到买了一袋。牛肉成醉人的酒红，颜色极美，但我还是有点像吃“毒药”一样放到鼻子前面闻了闻，皱着眉头咬了一口。果然，人不可貌相，菜不可品相，牛肉干柴，回味不香，难以驾驭我心。他们倒是狼吞虎咽，不出三分钟，早已肉去袋空，我长叹一口气，请原谅我这“刁蛮任性”的嘴。

大李虽是学生物的，对历史却也深有研究，每到一处总要高谈阔论一番，我便偷偷给他起了“历史学家”这个绰号。他抹抹嘴，贼笑嘻嘻地说：“三国时期，张飞有次大破敌军……刘备大喜，下令赏赐五十瓮美酒和烹制牛肉犒赏将士，士兵觉得牛肉

美味无比，将做法传于后人，就有了现在的张飞牛肉”。“啪啪啪啪啪”，我们下意识鼓掌“谢幕”，旅途中可以免费“听书”，也是乐事一件。他学习古人，双手作揖，嘴中念道：“预知后事如何，请听下回分解”！

告别“张飞”，遇见在街上以手为铲的茶工，当街炒茶，利落的手势将茶叶拨弄于鼓掌之间，顷刻间茶香四溢。以茶为“媒”，传递出的不仅仅是丝丝茶叶的品德，更是炒茶人的对待茶叶的认真之心，如此炒出来的茶叶，岂能不香。用古语说：“那真真是极好的”。

锦里的美景展现的是成都上百年的底蕴，五味杂陈，却稍显杂乱。宽窄巷子古中有新，那些青砖黑瓦的老房，骨子里藏着的仙气透出的不仅是古韵，还有那幽香隐隐躲在大户人家中并不气派的吃食。

宽窄巷子由宽巷子、窄巷子、井巷子三条平行排列的老街组成。宽巷子，望路

显“窄”；窄巷子，走道却“宽”，“窄”透出的也许是成都人民行云流水的回忆，“宽”则是现在巴适生活的象征。说到这，我稍有一丝不解，既然是三条巷子，为什么不叫“宽窄井巷”或是“三巷子”……以上言论纯属个人随意遐想，如有雷同，纯属巧合。

街连并排的四合院落，是构成每条巷子的基础，其间穿插着派头十足的花园洋房和庭院风格的精品酒店，亦古亦今。尤其是那条云雾缭绕的小道，若隐若现的仙气，偶有人腾云驾雾一番，乐在其中，那份逝去的童真在这里找回。

宽坐、九拍、茶马古道几家茶馆，每家都自成一格，连名字都尽显诗意。上前询问，统统“客满”，周末闲逛此处，终究不是个好主意。

在一块“蕙质兰心”的石头前面，被侍者“请”了进去。墨绿色的漆字勾勒出的“蘭亭叙”，雅寂秀丽，嘴中竟不自觉地哼起“兰亭临帖，行书如行云流水，月下门推，心细如你脚步碎”……记得谁曾说过我某个角度与周董还有颇有几分相像，周董下次来成都，强烈建议来此店重新演绎一下《兰亭叙》，MV场景我也想好了，一黑一白两个杰伦，除了本尊，我可以免费出演男二号。背脊一阵凉风吹过，感觉无数双拿着菜刀的眼睛盯着我。

走过入口，粉红色纱幔后面藏有一尾高约2米的孔雀雕塑，婀娜体态尽显万千妖娆。屋中有院、院中有池、池旁有树、树上有鸟，一方不大的四合院内呈现的不仅是秀丽景致，也是我们对生活的念想。屋檐下绿色的中式灯笼与依在墙边的原木鸟笼有如琴瑟和鸣，檐角不时喷洒些水汽，让8月的“盆地”多了丝凉意。

原本打算在花园小憩，怕飘出的水汽会坏了相机，便移坐屋内。与屋外的葱郁不同，里屋满眼是三十年代的“西洋味”，老式摄影机、缝纫机、欧式吊灯等，无一不

透露出店主在装修上的心思。

坐定，翻菜单，除了钟水饺、担担面，貌似没什么小吃，朋友主动提出去买些成都当地小吃给我们尝尝。伤心凉粉、三大炮、钟水饺、担担面等，一字排开，满满当当挤了一桌。筷子兜一圈，除了“热泪盈眶”的伤心凉粉，其他小吃都没有什么值得记住的味道。地陪说，现在口味做得正宗不多，况且这里又是旅游区。话毕，我真心泪奔，不正宗买来干吗，好歹人家一片热心，我们几人便将就吃上几口，临走默默将它们遗留在桌子角落，让它们自生自灭。

品完一壶香茗，我们起身离开，前往在成都市区的最后一顿晚餐。

实现梦想的“老妈蹄花”

“老妈蹄花”、“花蹄老妈”、“蹄花花”……大家一定以为我在念绕口令吧，我可以很负责任地告诉大家，这是我呼唤同事“李吉”时的昵称。每次她转头认真地看着我问什么事，十次中有九次，是我有意无意的呼唤，敢情是我口中顺溜的口头禅，真是对不住你。

有时，我也会直呼她为李大吉，虽喜欢为别人起绰号，但这个“老妈蹄花”可是她自己取的网名。顶着一头卷发的她，说起话来总是笑眯眯的，给人活泼欢乐的感觉，我一直觉得她有点像《樱桃小丸子》的妈妈，却从未说过，嘘~你们不要告诉她，我怕她会生气。

正因“老妈蹄花”这个绰号，让我第一次知道原来“猪手”还有这么一个如此可爱的芳名。所以这次来成都，蹄花万万不能错过。那个飘雨的午后，我永远都会记得这帮“无耻的混蛋”，抛下我和老王二人，独自打车而去，让我们两个路盲自己按名寻店。突感世态炎凉，让人“伤心”不已，同时验证一句古语“有吃便是娘”！

我和老王虽然也是打车前去，可两个人只知店名不知地址，打开手机，美食网站搜索一圈，完全晕菜，廖老妈蹄花、胖老妈蹄花、易老妈蹄花……略微数了下，光叫老妈蹄花的就有十几家，其中四五家都写着总店，我心里声嘶力竭地大喊“老妈，救命啊”！

窗外雨越来越密，我依稀记得“混蛋们”说在什么公园附近，和司机大叔沟通

后，他说：“那家我知道”，马上就到，看他自信满满的样子，我便舒坦放心了。拐过几个红灯，看见两家相邻而建的小馆子都写着“廖老妈蹄花总店”的字样，想说肯定是其中一间，让司机直接停在路边。双手遮雨直奔而去。透过窗口望了下，两家都没有他们的身影，这才想起拨通电话确认，结果说不是那两家，是在天桥下的一条小路上……算了，无名之火压压，找店先 。

和老王在小雨中走了约二十分钟，中间还两次走错方向，真是“杀”他们的心都有了。终于到了，“老妈蹄花”的招牌下面明明有清楚的写着陕西街143号，说个地址难道会死啊。我是又饿又累，已无责人之力。走进店内，好啊！他们倒是旁若无人吃得津津有味，看我一脸不高兴的样子，大李忙递了一份蹄花给我，哼，想“讨好”我，等我吃饱了再找你们算账。

环顾周围，这环境也实在“破”的可以，黄色瓷砖上满是油腻，几个脏到不行的破铁桶堆放在角落，心里不免为这里的卫生捏把汗。不过一般有名的当地小吃，都是寄居在这种“简陋”的街边小屋里，所以来这种“苍蝇馆子”最好两耳不闻窗外事，两眼不望店内景，一心只食桌上菜。

端来的蹄花，碗为衣、汤为髻、葱为饰，澄净清新不失浓郁，与江浙的黄豆猪手汤有几分亲戚之味。蹄花中熬出的一层猪油，浮在汤上，一看便是极鲜美的。旁边的蘸碟，色正、油香，靠近蘸水轻轻一闻，辣椒混合豆瓣酱的辣味直冲鼻腔，让我不禁一连打了好几个喷嚏。夹块蹄花蘸下味碟，不慌不忙地用舌尖和牙齿轻轻包裹，柔软的触感就像婴儿肌肤，吹弹可破，双唇也因汤里的骨胶原黏连性感起来。蘸水里一连几天都不离不弃的蒜友，依旧被它温辣软香的脾性所感动，辣之深深，酸之切切，这个毒瘾深重的“教唆犯”，让你一啖就离不开这味江湖气息！

店里其他配菜大都没什么印象，只记得有道“凉拌折耳根叶”，回味至今。她像是田间地里的“青妃娘娘”，啖食之间，酸椒麻辣、清雅怡人的异域情愫由内而外层层透出。但不是所有人都能接受这味道，咀嚼中强烈的“鱼腥味”让很多人视它为“十大难吃蔬菜之首”，现场也有两位对它直接无视，“菜中真情从何觅，折耳鱼腥双自闭”，情谊两难啊！

要做一碗蹄花，选好猪蹄，洗净，火上烤炙一圈，小刀将外面烤焦的外皮刮净，这步至关重要，试问端上来一只浑身是毛的猪手，即便味道再好，顿时也没了食欲。猪手肉夹气（肉腥味）较重，可码些绍酒腌制半小时，氽水后加入葱姜，煮开后转小火炖到猪手酥软，再加入芸豆，中间要将飘起的浮沫捞净，出锅下盐、味精。蘸碟，用剁碎的二荆条辣椒，用油腩炒出香味，几勺郫县豆瓣，再撒把蒜蓉下去，下酱油、下醋。生熟咸淡风味如何全凭经验、悟性和长期实践的行动中自然而出的。味精无害，但多吃无益，容易“鲜”掉眉毛，尤其对我这毛发甚少的人来说，还是能少则少。

上海人吃猪蹄，多半会选黄豆相伴，净水泡上一晚，同处理好的猪蹄入高压锅，二十分钟即成。此时猪蹄酥烂，直接切成小块，均匀码放在平底锅内，下酱油、茴香、八角、香叶，爱吃辣的可以再扔几个干辣椒，最后倒入一海碗水，小火煮至酥软，下冰糖收汁。

回归简单，滋味才会变得美好。

午餐，随遇而安

隔天，七点就被叫起，小李有事匆匆回了北京。大李、老王和我，赶九点的动车前往青城山。一路上我不怎么高兴，因为成都还有众多美食我还没“一亲芳泽”。天气倒是出奇的好，阳光一直沐在身上，暖暖的，下车后，大家都在排队等小巴，连一辆出租车都没有，我们一行三人也只能随着队伍缓缓移动，嘴里还嘟囔着，不能换大点的车吗，每次就载这么点人！

上了小巴，我才了解，一共才十米见宽的山路，大车根本上不来，经过一个小时的“汗蒸”车程，我们算是顺利到了青城山的山脚——泰安古镇。

从下车那刻开始，笑容就开始挂在我灿烂的脸上，街两遍那些从未见过的食材，实在让人垂涎，脑子里已经开始自由搭配那些食材。

我们住在一家三层楼高的红色古楼，楼外由棕红色木板和青灰石墙装饰，乍一看有点古时听戏场子的意思。

心里期盼雕花木框的阳台上会不会突然冒出一位顶戴花翎、身穿长褂、手拂水袖的白衣女子缓缓而出呢！小楼不仅外面古色古香，里面更是藏匿着一方露天小院，坐在椅凳上，清晰可见对面的青城

山路，旁边一川山泉，清浅盈动，鹅卵石、小鱼依稀可见，溪水上摆放着几张木桌，有人坐着喝茶聊天，有人围看麻将，也有孩童卷起裤管，踏水嬉鱼。

“快点菜吧”，我转过身发现两个“饿狼”正在虎视眈眈地看着我，手上递着菜谱。我赶紧接过菜谱，摆出不好意思的表情，其实内心无比的喜悦，没有网络的日子是如此的美丽。我内心独白多了点，请大家见谅。

白果炖鸡、老腊肉炒大蒜、清炒野菜、烩野菌，一桶米饭，我像念顺口溜一样，一分钟搞定。那两位用“膜拜”加惊讶的表情看着我，问我怎么能如此迅速看完菜谱点菜。首先，白果炖鸡是青城山的“四绝”(贡茶、白果炖鸡、青城泡菜、洞天乳酒)之一，每桌都飘着的腊肉香，不用考虑，这两道菜必点；其次，正所谓靠山吃山，山珍自然是不可多得之物，就算在成都市区想吃，也未必能觅得如此新鲜之物，所以菜

单里只要寻找当地野菜山菌即可。说罢，我嘴角上扬，得意地笑了笑。

野菜和菌菇没五分钟就来了，野菜清香淡淡，口感极像水芹，但没有水芹独有的傲人气味，星星点点的几个辣椒，悠着点小辣。菌菇亲和，入口若是不嚼，肯定一下子就滑了下去，三种菌类鲜味独特，满口润香。

半响，主角炖鸡上场，掀开锅盖，那层油亮金黄的鸡油，漂亮至极。若是我那些叔伯姑嫂瞧见，估摸我还没动勺，汤已见底（噗~ 这是笑声，不是放屁）。他们貌似有一条不怕烫的舌头，轻吹两下，滚烫的鸡汤在他们眼里，堪比玉皇大帝的琼浆玉液，晚一秒入口都深怕会凉。不过鱼菲在这里诚恳奉劝大家，鸡汤虽鲜，还是待微凉不烫口才入口，否则长久进食烫物，容易导致食道癌。

大家纷纷拿起勺子和筷子，喝一口鸡汤，尝一块鸡肉，早已酥烂于无形的鸡肉，鸡香四溢，确是山中好鸡。这种忠于原味的“裸烹”，我很赞赏，口味上稍显寡淡，出品一锅好鸡汤，除鸡、炖制时间，精髓就在指尖上那毫厘之盐。叫来老板娘，加些许盐提味，那种瞬间美味的感觉，我懂，Jason懂，你也应该懂！

炒鸡要嫩，炖鸡要老，是自小长辈告诉我的选鸡标准，这种一辈传一辈的方法，必定是经过几代人，甚至几千年实践的结果，自然不用深究其出处。要煮好一锅鸡汤，水沸后，鸡下锅、氽水，葱姜去腥，撇去浮沫，重新倒入清水炖煮，八成熟时，加入去芯的白果，煮至白果开口即可。

虽是老鸡，但也要柔润软烂，切莫咀嚼后一口老鸡残渣，定是要不得的。白果下锅，时间也有讲究，太早，果味易散，浓重之味融入鸡汤，影响口味；太晚，不熟，口感不佳，且易造成中毒。

有朋友自己煮鸡汤，说嫩鸡也会煮老，纠其原因无外乎一个，鸡下锅就放盐。盐有收缩作用，和鸡肉一结合，立马紧实，不信，你连续一周洗脸时，在洗面奶里加点盐轻轻按摩，保管洗完有焕然一新的感觉，瞬间秒杀那些磨砂洗面奶，便宜又好用。

这时，一股浓浓的“烟熏味”飘来……

还有好食材

记忆中的年夜饭，大家注意的焦点往往都集中在那些鸡鸭鱼肉虾蟹、八宝饭等主角上，却忽略了饱受寒冷风雨露宿的“酱油肉”。身边的朋友都知道，我不爱吃“酱油肉”，感觉每口都死咸死咸，口感又硬，真不知长辈为什么都好这口。可能这是一种习惯，也是一方水土孕育出的坚持吧。

以前住的老房子曾有一口30厘米见高的瓦缸，平时大都闲置，直到过年前两个月，才会被请出。煮一锅开水，把缸里里外外都烫个遍，倒出水后让其自然风干一天。次日，去菜场挑一块肥瘦相间的后腿二刀，洗净、擦干，同时煮一锅酱油，冷却后倒入瓦缸，将肉放入其中浸没，压上石头，十天后，“黑美人”出浴，用钩子在肉上扎个洞，草绳吊起，置于阴凉处风干。

除夕夜，肉洗净，切成3毫米厚的薄片，均匀码在盘中，下白糖，绍酒，葱节，最后放上姜片提香，隔水蒸二十分钟，便出落一盘黝黑的酱油肉。大人们边笑边嚼，还一个劲的直夸香。我们一群小巴辣子（沪语：小朋友）对它是则是百般唾弃，完全不理解长辈为什么会喜欢这个黑了吧唧又难以下咽的东西，抵触之情，就像葫芦娃看到蛇精，恨不得将它扔到地上，狠狠踩上一百下才舒心。

长大后，对腌渍腊肉的敌意稍有改观，但依然敬而远之。总结原因：其一，腊肉口感偏硬，口味偏咸，对于土生土长在上海的我来说，宁愿多吃一块糖醋排骨，也不愿多沾染半点腌腊之味。其二，腌渍物，多吃伤身，奶奶去世后，家中没人制作，在外购买，深怕有些不良商贩在腌渍时添加各种“有毒”添加剂。

直到我这次来到成都的青城山，对腊肉的印象完全改观，深深爱上这一方老腊肉，越陷越深，不能自拔。

泰安镇坐落于青城山下，民风淳朴，除了各种特色建筑和新奇食材，最惹人注目的一道风景是每家每户挂着的那些腊肉，从店门口走过，一股浓而不重、香而不浮的烟熏味，轻敲鼻尖，让人嗅到的只有沉稳，毫无半丝浮夸之气。

吃罢炖鸡，等了约十分钟，一个扎着马尾的小女孩终于端着一盘青红碧绿的炒腊肉向我走来。腊肉被放在餐桌中间，色彩立刻鲜活起来，瑰色红唇，碧色发夹，一把朴素到极致的青蒜足以将这方腊肉妆点的楚楚动人。不柴不硬不酥不软的口感，嚼起来丝毫不费力，恰到好处，一连四五块下肚，扒几口白米，深深吸一口气，第一次觉得空气里飘浮的烟熏分子是那样迷人！

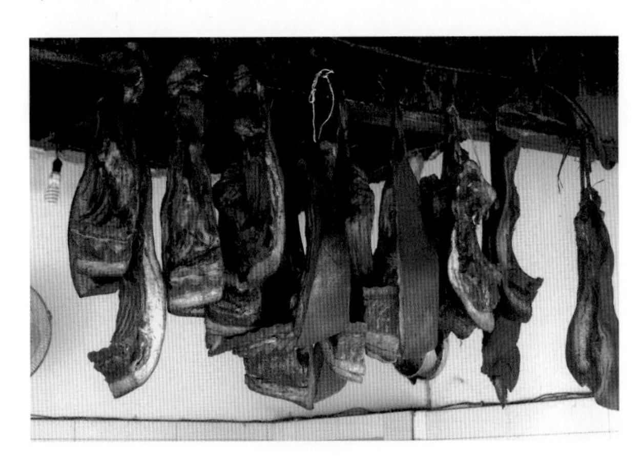

向几处卖腊肉的老板请教腊肉的腌制方法，他们都统一口径，普通猪肉、普通酱油，自然风干，说得跟刷牙洗脸似的，不见一丝秘诀。看来我是问不出什么所以然来了，想

吃，要么现场多吃点，要么多背点回去。

成都之行结束后，我直飞北京参加《中国味道》的比赛，所以只买了一块腊肉，从北京辗转回上海，又多了包朋友送的五常米。脑筋一转，腊肉切片，配上蜜枣、葡萄干，便成就了这锅绝佳的煲仔饭。

于是，我决定把余下的腊肉，全部作为“鱼菲美食课堂”的主食，除预订菜肴外，免费给大家品尝，分享这锅来自青城山的腊肉饭。现在腊肉已被我全部消灭，对它的念想之情却日渐升温，哪位朋友要去青城山，可否帮我稍几块回来，感激涕零。

鱼菲美食课堂，是我创办的线下课堂，通过微博招募，每次会有不同的主题，不定期和粉丝分享一些我做菜的创意和小秘诀，近期深夜食堂、母亲节菜饭、一整条三文鱼现开等系列课程颇受大家的喜爱。

熊猫麻婆豆腐

从小就爱猫，或和猫沾边的邻居一并喜爱，狸猫、山猫、虎猫等，尤其是那憨态可掬的大熊猫，曾一度以为，熊猫因为过于调皮，每天熬夜玩耍，所以老是顶着两个“黑眼圈”出现在大家的视野中。

对于熊猫的名字，“盼盼”应该是大家记忆里最深刻也是最熟悉的，1990年北京亚运会的吉祥物。奔跑的“盼盼”手持金牌，不知抹杀了多少小朋友的胶卷，拍到的每一张照片都来之不易。记得我当时还买过一套铁针的徽章，拇指般大小，翡翠绿的底色被镶在圆形的徽章里，腿旁边印有BEIJING字样。搬家之后，这套珍贵的徽章早已不知去向……

原以为这次来四川可以一睹“散养”熊猫的芳泽，结果还是阴差阳错没能如愿。有一道和熊猫有关的料理，源于动画片《中华小当家》中刘昂星对抗黑势力时制作的菜肴，“熊猫麻婆豆腐”，黑白两色豆腐，以“麻婆”方式烹制，底衬竹叶，抽取竹叶的瞬间，豆腐掉入酱汁，活生生一幅熊猫戏竹的景象。

让人闻之垂涎、视之开胃的“熊猫麻婆豆腐“，若能在生活中尝到，必定叫我们这群吃货食之迷情、思之回味。当然，既然是动画片，真实生活里断不会出现这样的情景，那就打打擦边球，来份普通“麻婆豆腐”吧。

八月的青城山，白天依旧酷热难耐，穿短袖还嫌热，临近傍晚，套上长袖，丝丝凉风还不停的往袖口里钻。

禅悦饭庄，上下两层建筑，开放式厨房，是泰安镇上规模较大的馆子之一。朋友推荐说这家菜品味道比较正，可以点上一桌地地道道规规矩矩的川菜，正儿八经地认真品尝。回锅肉、水煮肉片、宫保鸡丁，还有不可缺少的麻婆豆腐……

“川麻”和“上麻”完全不同，川麻，指四川麻婆豆腐，上麻，指上海麻婆豆腐；前者鲜咸，麻劲十足，后者清淡，香辣不麻。作为偏房的“上海口味”不怎么好吃，但正房的“川味”同样不太适应我的舌头。

古书记载，一碟好的麻婆豆腐，要做到“麻、辣、烫、香、酥、嫩、鲜、活”八字箴言。

麻：非汉源花椒不用，麻味香，沁心脾，麻而不苦，点到即止。

辣：必选郫县豆瓣，剁碎煸香，佐以少量海椒提味，辣红正亮。

烫：起锅到上桌不超过20秒，吃时，直呼喊烫那就对了。

香：花椒的幽香、豆瓣的咸香、海椒的辣香。

酥：炸好的牛肉末子，颗颗分明，手掐不蔫，油润酥口。

嫩：豆腐汆煎得法，出锅四方不碎，入口轻呡即化。

鲜：食材新鲜，成菜红绿照壁，色香味具矣。

活：蒜苗青绿，油泽娇艳，犹如刚从田间采摘“活杀”现炒，根根入味。

参照如此严格的要求，桌上这碟“麻婆豆腐”按十分标准，估计也就得个五分。麻、辣、烫、嫩皆有；无牛肉馅子，不酥；无蒜苗，不活；原料不全，不鲜；油太多，盖住各味，不香。

现在想要吃到符合这“八字箴言”的“麻婆豆腐”，绝非易事，自己在家烹制，没有上乘的功力，就只有咽咽口水的份了。

三天的旅程很短暂，一路上美食相伴，长者教学，让我开始翘首期待下一次的寻味之旅了！

台风吹来一朵静心莲（番外篇）

这道菜的由来，仿佛冥冥注定我要与佛结缘。2012年的夏天，刚从成都回沪，台风“海葵”突降上海，窗外骤风暴雨，家中只有我母子二人，看这天气，外出买菜是没指望了，午饭就随便凑合一下，家中有啥吃啥。扫了扫冰箱，翻了翻橱柜，一颗娃娃菜、几粒香菇贡丸，其他大黄鱼之类，是需葱姜伺候才能成菜的海鲜，只能请它们暂住冷宫了。

家母想吃“上汤白菜”，据说这道菜曾经是国宴菜中领导人最爱的菜品之一，看似平凡，却尽显端庄，奥秘尽在鸡汤之中。我瞅一眼食材，鸡还在菜场，猪骨也没有，算了，来个贡丸白菜汤吧。

电视里实时播报最新的台风情况，上海多处地区，雨水已没过膝盖。想到之前北京大雨，马路完全成了河道，多少替上班还未归家的父亲有些担忧。

囤积的雨水越来越高，担心不知会不会殃及附近的那座庙，万一“水漫金山”，扰了菩萨可就罪过了。说起白娘子水漫金山，便想起法海（法海你不懂爱，雷峰塔要倒下来……），谈到法海，便想到佛祖的莲花宝座。突然，想说能否将白菜刻化成一朵莲花，希望沾些佛光为上海人民祈福。

家母对于我刻花，一脸不屑，心想成品定是贻笑大方的拙劣之物，岂能与莲花相提并论。我也不理会她，在白纸上画副草图，便拿出陶瓷刀唰唰地雕刻起来。

笨拙地刻了20分钟后，总算初具花蕊雏形，放入已煮出香味的丸子汤内，怕汤水太烫蔫了白菜杆子，所以只放了浅浅一层汤水，约在白菜花蕊的三分之一处。锅子用的是喵姐送的塔吉锅，圆锥形的盖子够高，不怕压坏白菜。煮了五分钟后，“花瓣”有些微微打开，之后每隔一分钟就揭盖察看，深怕一不留心“莲花”瘫痪于锅中。八分钟时，感觉下面差不多熟了，就开着锅小火煮，七分钟后，出淤泥而不染的静心莲居然完全盛开，欣喜之情如同当年考上大学那般兴奋，忙叫来家母，讨夸赞。

拍照时，想起窗台上种的铜钱草极像荷塘月色中的荷叶，便摘了来，让其浮在汤面，清雅脱俗的一池莲花，静心宜人，我将其放在窗台，双手合十求愿，并用相机记录下了照片，通过微博发送，让大家一起来传递这份心意。到了下班点，雨居然慢慢变小了，电视上也无人员伤亡，心中很是安慰。

正宗土特产

家花不如野花香，市区的吃食自然也不如山野农间来的诱人，这里并没有囊括所有的当地特产，小菲挑了些自己喜好的晒单，请大家自己对号入座。

冻粑 青城山

玉米叶包裹，籼米、糯米、大豆制成，内馅有白糖、玫瑰、大枣等十几种口味，和粽子有那么点相像，口感更为细腻。

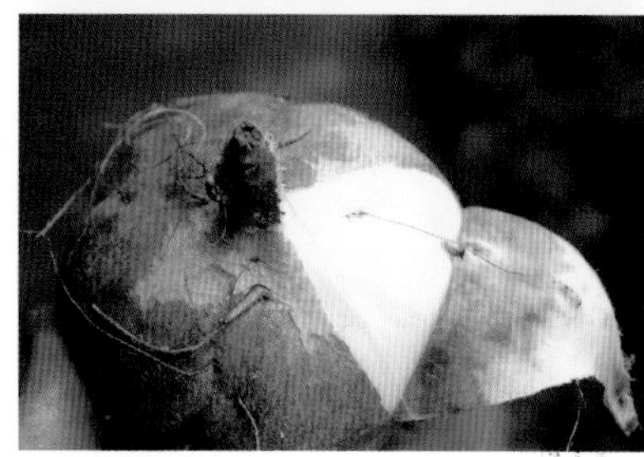

凉薯 青城山

也叫地瓜，山上是直接剥皮生食，熟的香甜，我吃的时候有些生疏，有水份，但不甜。长辈说用来炒肉味道更佳，值得一试。

煎肠串 青城山

腊肠对切，内有磨碎花椒，吃起来麻辣鲜香，就是吃完会口渴，吃的时候记得配上一杯清水。

一个字，香！口味并无特别，无聊的时候可以当零食，饿的时候可以用来充饥，毕竟上下山还是需要体力和脚力的。

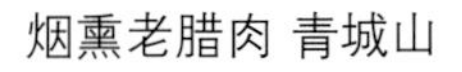

强烈建议到青城山每顿必点，然后带个帆布袋，再运五斤回去，炒蔬菜，煲仔饭，直接蒸，统统好吃。

水果酒 青城山

有猕猴桃酒、西瓜酒等各种奇奇怪怪的水果蔬菜酒，度数不低，回味清新，记得不要贪杯，以免当街打醉拳。买之前可免费品尝，好喝再让老板塑封打包。

紫袍玉 青城山

紫袍玉其实算是粘土系列，下山时有一小铺兜售，全部手工制作，价格也不贵，有挂件、手链、钥匙扣等，但不还价，自带送礼都不错。

汉源花椒 市区

春熙路步行街的商场下面有个很大的家乐福超市，里面很多食材调料。我去的时候青花椒正好没有了，有些可惜，没有的话红花椒也不错，记得买汉源不要大红袍就是了。

火锅料 市区

火锅料品种很多，我买的这款味道很重，放一点点就辣得眼泪狂飙，喜欢吃辣的可以入，不能吃的请直接无视。

宫廷麻辣火锅

满脸油烟的火锅时代早已落幕，每人一锅则少了些热闹，举家围炉，涮鱼烫虾，热蛋盒，享受一顿华丽的宫廷居家火锅！

材料

濑尿虾10只、菠菜1把、青鱼片10片、油豆腐10个、小黄豆芽1把、粉皮1把、平菇1朵、肥牛1盒、羊肉1盒、冬瓜1块、金针菇1把、鹌鹑蛋3个、娃娃菜1棵、鱼丸3个、鸡蛋3个、青葱1把

调味料

一品藤椒火锅料1勺、高汤500毫升、盐2克

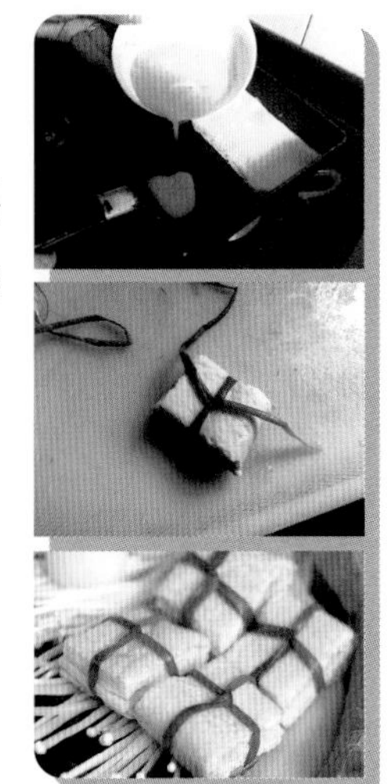

做法

1 蛋箱盒子

（1）鸡蛋打散、平底锅烧热，叠加方式煎制蛋皮，翻折几次形成约3厘米厚度

（2）青葱放入高汤汆烫，捞出，用绑礼物的方式系好

2 汤底+食材：

（1）高汤用半只鸡加上冬瓜炖2小时

（2）一品藤椒火锅料3勺，用高汤勾兑后淋在事先均匀码放在锅底的娃娃菜上

（3）将各种食材均匀码放到锅内，开小火，盖上锅盖，按食材的成熟度，慢慢品尝

Tips

火锅料已包含豆瓣、花椒等料，味重且香；蘸料必配麻油、蒜蓉，花生碎、葱末。

冬瓜雪梨茶

初秋，早晚微凉，天干气燥易上火，时不时冒出一两颗痘子。用雪梨配上冬瓜，些许甘草、薰衣草，熬一锅冬瓜茶，清热去燥，润嗓助眠，妙哉。

冬瓜5斤、雪梨2个、红糖200克、熟水100克（烧开的水）、甘草5克、熏衣草5克

1 冬瓜切片，雪梨去皮，切块

2 将冬瓜、雪梨放在一起，籽不用去除，效果更好

3 再放上红糖、甘草、熏衣草

4 熬4小时，要时不时搅拌，防止粘锅，待梨和冬瓜完全化渣，用滤网将汁滤出

5 倒入沸水烫过且干净的玻璃瓶中，盖紧即可

6 喝的时候，雪梨冬瓜茶原汁和水按1：3比例勾兑

玻璃瓶要事先用沸水烫过、晾干才能使用，冰箱冷藏可保持5－7天，宜尽早食用。

蹄花也要Mojito

谁说蹄花就必须要和“老妈”划等号，与Mojito来段异国恋，调酒糖浆瞬间为这重口增添一笔清新之风。

材料

猪手1只

调味料

清水500毫升、Mojito薄荷风味糖浆5滴、老抽1勺、生抽2勺、绍酒2勺、香叶5片、桂皮1小块、八角1个、香叶3片、柠檬醋2勺、姜3片、干辣椒2个、冰糖10克

做法

1 猪手对切，火上炙去细毛，沸水汆烫、切成小块
2 热锅冷油，下姜片、干辣椒，煸香，下猪手
3 微炒，下绍酒、老抽、生抽、香叶、桂皮、八角、冰糖、两碗水，小火煮20分钟
4 放上 Mojito 薄荷风味糖浆、柠檬醋，收汁出锅

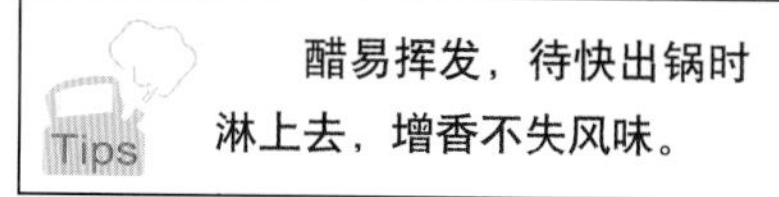

Tips 醋易挥发，待快出锅时淋上去，增香不失风味。

麻婆豆腐“馒头”

韩风吹来，蔬菜也疯狂，卷心菜携手麻婆豆腐，享受口中爆破的惊喜，麻辣火热也可以秀美。

材料

卷心菜1棵、豆腐1盒、韭菜10根

调味料

老干妈豆豉辣酱2勺、花椒粉1勺、老抽1勺、生抽1勺、番茄酱1勺、乌醋1勺（非镇江醋）、炼乳1勺半、盐1克

做法

1 豆腐切块、淋上少许盐，待豆腐出水后，滗去盐水，备用

2 除盐以外所有调味料拌在一起，均匀淋在豆腐上，微波炉高火2分钟

3 卷心菜一张张小心剥开与韭菜一起沸水烫熟，剔平中间突出的硬杆

4 豆腐放在平铺的卷心菜叶上，四面翻折包成一个方形，用韭菜扎紧

5 吃之前在微波炉高火加热1分钟

豆腐事先用盐出水，形不易散，加热时也更容易入味。

荷塘月色

7月盛夏，一尾青鱼化身莲蓬，出淤泥而不染，濯清涟而不妖！汤清鱼鲜，为餐桌妆点一道景观菜品吧！

青鱼200克、藕1节 、菠菜2棵、青豆30颗、蛋清2个、木鱼花1把

海盐 3克、绍酒2勺、淀粉2克、铜钱草（装饰） 10根

1 青鱼肉加入绍酒腌制10分钟

2 鱼肉用刀剁成泥，和入蛋清、盐、淀粉摔打出劲

3 鱼泥放入迷你小碗内，嵌入青豆，隔水蒸10分钟

4 木鱼花、绍酒入清水小火慢煮，约1小时

5 藕切成3-4厘米的藕段，放入鱼汤内煮熟

6 菠菜榨成汁，取3-4勺绿汁，倒入鱼汤内，调和成池糖的绿色

7 藕做底盘，用牙签固定蒸熟的鱼饼，铜钱草装饰，吃时下盐

铜钱草无毒，可入药，新鲜的口感苦涩，仅做装饰，不建议食用。

饭“醉”现场

一方山水养一方居民，一条腊肉“香”一锅米饭，尝过，便不曾忘记。饭香、肉香，皆在这念念心恋的米饭中。

青城山老腊肉100克、五常米200克、蜜枣10颗、水300克、罗勒叶10片

Tips 品尝前撒上罗勒叶，饭的温度会让罗勒叶卷曲，同时散发出的罗勒香和米香、肉香、枣香融在一起，满屋生香。

做法

1 腊肉洗净，切成3毫米薄片，泡水中约10分钟

2 五常米事先泡水1小时，胀米

3 塔吉锅里放一半浸泡过的米，放入腊肉、蜜枣；再一层米、腊肉、蜜枣

4 中火煮开，转小火20分钟，再闷10分钟

海葵静心莲

台风可以吹倒树木花草，却吹不走吃货执着的心。一朵静心莲，带您体验“五感全开”的视觉系国宴菜品“开水白菜”

娃娃菜1棵、鸡汤1/2锅、铜钱草3片

桂花3克、甘草2根、盐4–6克

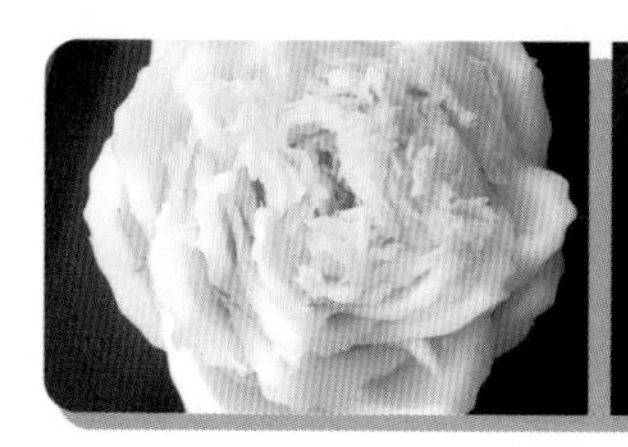

1 高汤入桂花、甘草，文火慢煮

2 娃娃菜冲洗，甩干，横向对切，留根部

3 取每片白菜叶中间，用陶瓷刀从中往两边刻成花瓣形，刻到中心

4 刻好娃娃菜竖着入塔吉锅，倒入汤，高度在娃娃菜1/3处

5 盖盖，中火煮6－8分钟，开盖，继续煮5–6分钟，“莲花”会自己慢慢盛开

半煮半蒸的方式煮娃娃菜，汤高度不能超过娃娃菜一半，否则莲花就“塌”了，塔吉锅和陶锅受温均匀，最适合用来煮“莲花”。

法式龙虾烩蛋

没去过法国蓝带学院，没关系，这道龙虾料理教你怎么处理龙虾，既能保持美观又能保证肉质不会缩小，在家也能料理出高端洋气的法式小龙虾。

小龙虾1斤、鸡蛋3个、小葱1簇、姜1块

生抽适量、盐、绍酒、糖适量、十三香、辣椒3个、花椒2勺、香叶5片、小茴香1勺

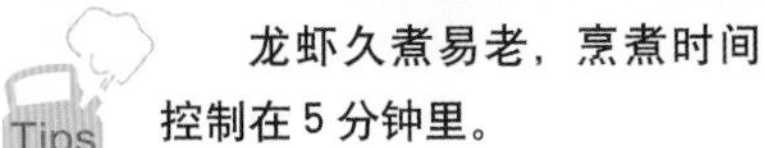

龙虾久煮易老，烹煮时间控制在5分钟里。

做法

1 小龙虾剪去触脚，抽去尾筋，将双钳向下轻轻反折，插入尾端壳中
2 葱姜油爆，下龙虾，煸炒至变色
3 将除糖以外的所有调味料放入锅里，炒出香味，倒入一小碗清水
4 待锅里料汁煮沸后，下糖，大火收汁，捞出龙虾
5 剥出16个龙虾肉，10个切碎放入打散的鸡蛋中
6 用方形不沾锅，做成龙虾厚蛋烧，用模具刻出6边形
7 将剩下的龙虾肉放在厚蛋烧上，整虾围在盘边
8 撒上葱花，均匀淋上汤汁即可

Lollipop蛋糕棒棒糖

曾几何时，奶油蛋糕是很多人的噩梦，大量的反式脂肪酸，让人望而却步。如果有一天蛋糕变得可爱轻巧，像棒棒糖那样可以持在手中，边走边吃，你是否愿意为心动的那个人亲手做一份呢！

香蕉麦芬蛋糕

黄油 60 克、牛奶 60 克、鸡蛋 1 个、细砂糖 40 克、细盐粉 1 克、奶油 50 克、香蕉 1/2 根、低筋面粉 80 克、玉米粉 10 克、泡打粉 1T、小苏打 1/4 T

1 烤箱160度预热，黄油隔水融化

2 牛奶、鸡蛋、细砂糖、盐粉搅打融化，依次加入融化黄油、奶油、香蕉泥

3 面粉、玉米粉、泡打粉和小苏打过筛、加入蛋黄糊搅拌均匀

4 倒入模具里，170度烤10分钟，150度再烤10分钟

内馅方子

黄油 50 克、奶油 50 克、砂糖 10 克

1 麦芬蛋糕碾碎，黄油隔水融化，与糖和蛋糕碎先拌在一起

2 奶油打发、混合入蛋糕，搓成紧实圆球，插上纸棒，冰箱冷藏30分钟

裹粉：抹茶粉

黄油 50 克、奶油 50 克、砂糖 10 克、抹茶粉适量

1 黄油隔水融化、奶油打发

2 海绵蛋糕用手捏碎，拌入黄油和奶酪，搅拌均匀，捏成大小均等的蛋糕球

3 插上竹签，收口出捏紧，放入冰箱冷却1小时、裹上抹茶粉

蛋糕球必须冷却再裹粉，否则易裂，粉裹上去也容易受潮，大家可根据自己喜好撒上可可粉或肉桂粉等。

印象里凡是坐火车经过苏州，短短停车的5分钟里，菲妈总以“包租婆”飞毛腿的速度冲下车，为的就是兜上几盒蜜汁豆腐干，一啖甜诱的香泽。

1 最糟也最棒的土灶馆
2 皇城里的「鸡脚」旮旯
3 奶酪，是一种情绪
4 本家粥摊，潘玉麟
5 遇见，未知的奶茶
6 新货登场
7 菲尝食谱

最糟也最棒的土灶馆

“自从有了你，世界变得好美丽，不用漂泊，不用流浪，记忆全是‘食物’的甜蜜。海可枯，石可烂，天可崩，地可裂，我们肩并着肩，手牵着手……”我改编琼瑶阿姨的这段歌词不是拿来表白，而是感谢“快递”这个行业，自从有了你，我们就能轻松尝到异地的特产，极其方便。

印象里凡是坐火车经过苏州，短短停车的5分钟里，菲妈总以“包租婆”飞毛腿的速度冲下车，为的就是兜上几盒蜜汁豆腐干，一啖其甜诱的香泽。

以前，若没有外地的亲戚，想一尝当地美食，只能驰骋百里，亲自采购。现在，只要上网敲敲键盘，坐等快递上门几乎就能将世界美食一揽入口，但也不乏有些“身娇肉贵”的“皇亲国戚”，经不得半点舟车劳顿，须亲身前往，才能尝其精致的味道。苏食，便是其中之一。

平江路是近两年来苏州的一处新生景点，虽是新晋，却都是百年素静的老屋民居。若不是当地人告知，殊不知竟有如此风雅之地。之前观前街浪费了太多时光，抵达已是傍晚时分，孰料灯火阑珊的夜晚却有别样的美妙。

翰尔园是我第一眼相中的茶馆，古韵卓显。若能倚坐这幽美之境中，品茗听书，体验一回古人的闲适，自然是极好的。一看价格，有点辣手（沪语：有点贵），便默默继续步行。转弯后，透过河对岸的一扇木窗，微暗柔和的光线里端坐着身穿红色长衫的上手和蓝色旗袍的下手，自弹自唱，弦琶琮铮，吴侬软语，十分悦耳。弹词一般

由两人表演，上手持三弦，下手抱琵琶。

寻了十来分钟，一堵白墙，怀旧老味的木栅栏窗，深棕的木门上挂着一把大大的铜锁，差点以为餐厅已经“关门大吉”。这淳朴且略带诡异的地方，便是我今晚用餐的馆子——鱼食饭稻土灶馆。

往左沿着白墙后一条一米见宽的石板小道，走过石阶小转，里面完全是一派“歌舞升平”的喧闹场景，排队的食客在小院里拿号等座，问了服务员，排到我保守估计至少1小时，只好临时决定明日中午再来“拔草”。美食圈对于喜欢想去尝试的馆子，称为“长草”，亲身去餐馆品尝啖鲜，我们称之为“拔草”。

第二天，11点店门一开，我就冲进去挑了一个靠窗的位置“赖”坐下来。趁空隙，把馆子的装饰清清楚楚扫了一遍，挂满屋顶的圆形扁箩，梨花木味道的太师椅，还有挂在玄关处那件不知是什么朝代的农衣，颇有陶渊明那首《饮酒》中“采菊东篱

下，悠然见南山”的意味。

话说每次点菜，就像摸彩，吃得尽兴，大家翘首称赞，滋味稍有不好，一桌鄙视的目光齐刷刷地射向你，做了苦差事还不讨好。土灶馆没有菜谱，明档点菜，腊肉干货等各种大小菜色一字排开，看得清楚明白。

兜了一圈，农家菜自然是主打，大骨萝卜、拌野菜、天目山笋干蒸酱肉、酱鸭头。原想去得月楼和松鹤楼一啖鳝丝和松鼠黄鱼之鲜，结果观前街上的几家居然同时被包场，就在这家点了一份松鼠鳜鱼和清炒鳝丝，算是捧场。

盛茶的杯盅烧有漂亮的青花，记载着农家人民拉车运粮的纹样，配套骨碟、筷架，亲切犹朋，如在村落农家吃饭那般自在惬意。

大骨萝卜透着萝卜的鲜甜和猪骨浓汤的芳香，骨肉外层酥软而浑厚，内层肉筋弹性十足，余味有种滋润的舒适。最佳品尝时间是在每年秋冬两季，

那时萝卜甚好，大骨肉香，熬煮出的肉汁油体丰富，香气独美。

若将湖南宁香猪做的腊肉比作雍容的华妃，那这碟看似平淡的酱肉便是清丽的惠妃，越嚼越香，夹起一片酱肉，透明发亮的油花与瘦肉分布均匀，淡淡的粉红色美到极致。底下的笋干则像儒雅的温太医，用其心，尽其责，突显山珍鲜美。天目山笋干和酱肉的组合是最佳partner，肉以笋鲜，笋有肉香。配上一碗白饭，就算给我一盘伊比利亚火腿也不换。

酱香浓郁的鸭头，下酒尤佳；拌野菜，清新爽口。苏食中的招牌响油鳝丝和松鼠鳜鱼，到了土灶馆着实让人有些失望，鳝丝里面居然跑出了洋葱，鳜鱼没了酥脆的口感，所以“进什么店吃什么菜”，需列《吃货必备手册》第一条。

摸摸肚子，是再来份甜品还是小食呢?

皇城里的“鸡脚”旮旯

饭后百步，和每天刷牙洗脸一样重要，但自从搬家后“饭后宅男”就和我划上了等号。好在我喜欢走路，出门经常会走“冤枉路”，无意间便锻炼了我可以“暴走8小时”不歇息的脚劲。

闲步不到百米，透过玻璃窗探到一处粉黛饰墙，格局古朴的会馆——“伏羲”。我不禁顿足，身后的路人直接撞到我身上，刚想爆粗，瞬间也被这窗内的素景所吸引。木色方桌、青瓷兰花、螺旋棋瓮，在幽静的光线下异常古美，师傅与花旦老师认真做着演出前最后的练习。

除了 COCO 曾诠释过的那首《刀马旦》，我还能哼上几句，对于昆曲我是一概不懂，只知在国外《牡丹亭》是最受外国人喜爱的昆曲段子。说实话，对于我们这些热爱中国风和小清新的“骚年”来说，爱馆内的景致胜过昆曲的唱、念、做、打。

会馆边不远，有一座石板桥，从桥那头飘来一阵鸡脚旮旯（念：gālá，旮旯：边边角角，不起眼的地方）的香味，三下五除二，收拾脚步，越桥觅食去也。

桥边老屋，有几列高脚木桌，一个普通的灯泡直接悬挂于屋檐，照亮一块深红色菜牌，毛笔书写皇城秘制鸡爪、绿豆汤等菜名。

端上来的鸡爪散发着光泽，颜色比摩卡略深些，卤香浓重。吃鸡爪千万别装斯文，直接上手，从鸡脚趾开始，上下齿慢慢将皮剔出，在口中啖其酱香；再啃脚脖，那条极其弹牙的脚筋，可是整只鸡脚的精华，经常看见有些洋盘（指外行）吃完的鸡脚上还留有脚筋，除了一声叹息，心中暗自嘲笑这些暴殄天物的食客。

皇城鸡脚接近鲁菜的感觉，口味微咸，香味有余而酥软稍欠，以十分为标准，可以给个七分。唯一让人有些抓狂的是那些“兰花指”上的指甲一个都没有剪掉，吃前还要替它们做“美甲护理”，难道是想增加一点人情味的互动。如果是喜欢嗜酒爱食小吃的酒鬼，应该会对它亲睐有加。但按照苏菜甜、香、软、糯，我就要打不及格了。

卤鸡爪，讲究的是个“卤”字，我最喜的卤料是四川的“廖排骨”。廖排骨，是排骨也是汤料，是廖开太于1981年在四川绵阳开的一家卤肉店，后来做大了就制作汤料售卖，据说方子来自其做过御厨的曾祖父，这点和我倒颇有些相像。我的太爷也曾给袁世凯做过菜，也算是半个御厨。可惜他没留下半张方子，不然菲爸早就开起一家私房菜，我也能算是个“少爷”了，不过我天生爱吃喜做应该是遗传于他吧。

一家好卤店，老板一定会向你炫耀自家的老卤是几百年，至少是几十年的老汤，说得直白点，你用上海市区一套100平方米的房子去换，人家说不定还嫌少不愿意呢。现在许多小店直接会说用的“廖排骨”的卤汤来卤菜，但每家味道各不相同，至于好坏只能靠大家亲自辨别了。

一缸老汤，沉淀的不仅是食材的活色生香，更是厨子年复一年，日复一日倾注的心力与感情，吸收日月之精华的老汁。

自家不比餐厅，存放一缸卤汤，占地不说，菲爸菲妈肯定唠叨个没完，万一给我家的美女菲菲（博美小狗）撞翻，那真是要欲哭无泪了。我虽没有祖传汤料的引子，但要做一锅好卤味，也不是件难事。

卤汤，我用鸡骨和猪骨打底，无需十三香，只用八角、丁香、花椒、桂皮、香叶、大茴香、小茴香、肉蔻、辣椒、胡椒十种即可。纱布裹紧，煮出香味后，下海天老抽、绍酒、砂糖，三小时便出一锅漂亮的卤汤。

鸡鸭猪牛，唯猪爪、鸡翅、鸭锁骨在菲家卤得最勤。这等生鲜物大都腥臊，光洗是去除不了的，必须焯水，业内的师傅告诉我这叫“紧一水”。“紧”完后要搓去身上的“汗皮”，专业的厨子还要将食材经过复杂的码味和至少八小时以上的腌制。

我比较偷懒，直接在食材上用牙签扎些小孔，炒一碟花椒盐，均匀码在食材上，腌它三十分钟。血水溢出后，清水漂洗，入熬炖得已有些迷人的卤水中。大火煮开，端锅离火，静止一小时，让卤水吃透（渗透）食材，再用文火慢卤两小时，中间撇去浮沫，自然冷却，揭盖那瞬间足以让你感动。

一看手表，快过戌时，准备回宾馆休息，发现旁边有一扇亮着灯的门口，排着七八个食客，接下来我想干嘛，你一定猜到了。

奶酪，是一种情绪

饭前我已在平江路上晃悠了一圈，路的另一头有一家招牌可爱的狐狸奶酪店。没想到鸡脚旮旯边上也隐藏着一家奶酪店，刚吃完咸的，大家都想来点甜头。这不队伍里又多了几个馋猫的身影，一边排队，我一边盘算要点些什么。

掀开蓝印花布的门帘，一盏宫灯、两副桌凳……站在门口往里瞄了眼，不足十五平方米的小店，墙上挂着镜框，贴着红色品单，四周还摆放了些有点“不怎么搭调”的照片，稍显凌乱。奶酪貌似是主打，至少门口牌子是这么写的——“苏妃奶酪”。

面对市面上的奶酪，我自己偶尔也会云里雾里，更别说菲妈和身边的一些朋友了。奶酪的内容，三天三夜都说不完，我便按自己的方式，和大家分享简单的分类。我的词典里奶酪可以分为三种，但都有一个共同点，都是用奶制品通过发酵制作而成。

第一种：餐酪，这个是我起的名字，意为用餐时直接作为小食或是融入菜品中的增加香味的奶酪。你去任何一家西餐店，从头盘开始到最后的甜品都能找到奶酪的身影。

开胃菜：南瓜冷汤，出现的是迷人的

“帕尔玛奶酪”，这种意大利硬奶酪，经多年成熟干燥而成，色淡黄，带有强烈的水果香气。掰成小块，搭配无花果或哈密瓜等水果，是不错的餐前小点。

前菜：希腊色拉，透着新鲜感的“菲达奶酪”是主角之一，菲达是用70%绵羊奶和30%山羊奶制作而成，浸在盐水中以袋装或罐装保存，样子有点像中国的白腐乳。与希腊橄榄、小番茄、土豆、生菜融合在一起，将你的味蕾瞬间打开，你要是喜欢重口味，也可试试用红菜头搭配的蓝纹奶酪，保证让你遗“臭”万年。

主菜：咖喱葡国鸡，可用“切达奶酪”来替换传统奶油，这种全脂牛乳奶酪口感柔和，容易融化，煮出来的咖喱奶味更加浓香。

主食：千层面、披萨、焗饭、土豆泥……“马苏里拉奶酪”当仁不让绝对是第一头牌，那越拉越长的芝士丝，还未入口，已一饱眼福。许多主妇煮夫每天用它轮着换菜色，一个月不重复都没问题。

甜品：提拉米苏，这道源自意大利的咖啡酒蛋糕，被很多烂店做到让我有些崩溃。导致身边很多朋友说，提拉米苏太难吃了，里面的奶油怎么怎么……这里我要和大家解释一下，正宗的提拉米苏会用到奶油、奶油奶酪、马斯卡彭尼奶酪三种东西，尤其第三种“马斯卡彭尼”可谓是提拉米苏之魂。但许多餐厅为了节约成本，几乎只用前两种，我还碰到过直接用奶油打发一下，配上浸湿的海绵蛋糕端上来的，实在叫人反胃。我就不当众点名批评了，统统写出来估计一页都写不完，给它们一个改过自新的机会。

第二种：点酪，可以当做点心零食吃的的奶酪。以内蒙奶酪为例，将酸奶中的酥油分离出来后，小火熬煮，装入布袋挤出酸水，成块状晾干即为奶酪，质硬而酸甜。内蒙俗称“酪蛋子”，有球状、块状、条状、花纹等多种样子，味道也有香蕉、苹果等不同选择。

姑父曾去内蒙古带回当地牧民做的手工奶酪，那味道之浓烈我这辈子都不会忘记，过浓的奶膻味让我实在没法接受。市面上销售的奶酪大多经过处理，没有膻味，适合初级的品酪者。

第三种：鲜酪，保存期短，水份多而新鲜，如豆腐般柔滑且带着浓浓乳香。市面上的宝珠奶酪、狐狸家奶酪，以及我这篇介绍的苏妃奶酪都属于这个系列。

甜品店的鲜奶酪我之前一直混淆，觉得它和牛奶布丁、双皮奶、慕斯口感差不多，干嘛要用奶酪来命名，其实它们完全是不同的东西。

先说牛奶布丁，布丁分为冻布丁和烤布丁：

冻布丁主要凝固的材料是吉利丁片、鱼胶片或鱼胶粉。举个例子，牛奶冻布丁，牛奶加热后关火，放入用冷水泡软的吉利丁片，搅拌融化，过滤奶泡，冷却后放入冰箱冷藏即可。品尝前，放上草莓果粒或芒果等时令水果泥，做成水果布丁。

烤布丁稍显复杂，牛奶、鸡蛋、砂糖、香草籽，经过加热、冲撞等步骤，入烤箱水浴法30分钟，烤制而成。可抹茶、可咖啡、可肉桂、也可焦糖……

接下来是慕斯，可以说是冻布丁的升级版，液体奶油加打发奶油，搭配吉利丁片冷冻3小时即成。我不喜欢太腻的口感，所以会用牛奶搭配打发奶油，掌握好比例，口感近似冰淇淋。

双皮奶则是牛奶、奶皮和蛋清的魔法，经过一阵捣鼓后，隔水蒸制而成，是所有里面口感最接近奶酪的。

排到我时，本想点芒果奶酪，可惜已卖完，便要了一份原味。我倒想看看在这鳞次栉比的平江路上，为什么这家装饰普通甚至可以用有些“简陋”来形容的奶酪店能独占鳌头，聚集那么多的人气。

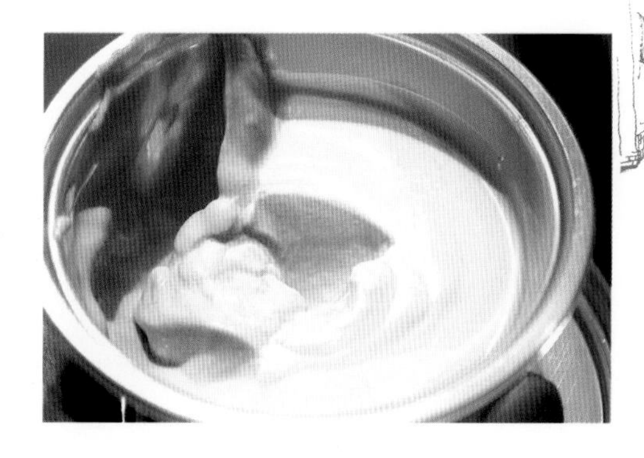

掀开盖子，用勺子舀起一勺，与齿尖的触碰就像一对新婚夫妇，缠绵之情犹如小别胜新欢，厚实浓稠的口感立刻让我明白它受欢迎的原因。绵密程度比普通奶酪至少要多一倍，就像大家喝番茄蛋汤和罗宋汤的差别。

奶酪本是宫廷之物，据说有个叫魏鸿臣的人从御厨那里偷学了做法，便在民间摆了个小摊，售卖奶酪，人称“奶酪魏”。原始做法是将调配好的鲜牛奶和糯米酒盛进小碗里，然后放进大松木桶里精心烤制，最后还要放进冰窖降温冷藏。

说到这，大家应该明白了，这种鲜奶酪和传统奶酪一样，需要发酵，所以称之为“奶酪”，而不是其他。

自家做也简单，用酒酿最方便。酒酿和牛奶的比例1∶3或1∶2，牛奶煮开，去掉奶皮，牛奶冷却后，拌入酒酿，再分装在小碗里。隔水蒸需覆保鲜膜，扎洞（原理同蒸蛋），隔水20分钟；烤箱则用水浴法150度20-30分钟，冷却后，冰箱冷藏。

PS：酒酿越多，结出的奶酪则越浓稠，反之则越稀薄，但最少不得少于1/3，否则会影响凝结。

你学会了吗，什么？懒得做，那我的“皮鞭”已经准备好了。在微博等大家交作业啦，勤劳的同学有奖励哟！

本家粥摊，潘玉麟

笃笃笃，

卖糖粥，

三斤胡桃四斤壳，

吃子侬格肉，

还子侬格壳。

张家老伯伯，

明朝还来哦。

这首风靡80年代的弄堂童谣，就像春晚金曲《冬天里的一把火》，“红”遍上海每个角角落落。

小时候，爷爷最喜欢坐在藤编的太师椅上，手里盘着两个核桃，开着半导体，听听大戏，这首《卖糖粥》正是他老人家一字一句口口相传于我。每天向爷爷问早道晚是从小立下的规矩，爷爷如是，菲爸如是，我也如是。

因为中风的关系，爷爷身体每况愈下，牙口不齐，平时多以菜粥或白粥佐些肉糜为餐，我有时间便会亲手喂他，尽享爷孙天伦之时略显孝道。那一天，我永远记得，上课时突然被老师叫出去，门口站着眼睛已经哭肿的菲妈，我被抱上自行车后，母亲一边往医院骑，一边抽泣着说，爷爷没了，我瞬间泪流不止……

此后，家中有一段时间粥是禁忌，闻者伤心，视之落泪。

都说上海人“噬甜”如命，我自然也好这口。叔父说他们小时候，家里穷买不起糖吃，只能偷偷将家里做菜的砂糖拿出来解馋。为了公平，还要郑重其事的搬出一个板凳，将砂糖平铺，菲爸一粒、菲叔一粒，数好分着吃。这种吃法许多人现在听来会觉得好笑，但对于他们来说，每一粒吃进嘴里的砂糖尝到的不仅仅是甜味，是一种幸福，现在想来更是思念爷爷的一种方式。

《红楼》里宝钗姐姐曾说：“每日早起，取上等燕窝一两，冰糖五钱，银吊子熬煮成粥，若吃惯了，胜过众药，补气滋阴。”看来古时，就有“糖粥”养颜的风俗，闺秀个个细致白皙，如同剥了壳的白煮蛋。

《随园食单》曾说：见水不见米，非粥也；见米不见水，非粥也。必使水米融洽，柔腻如一，而后谓之粥。中国文字之奥妙，以“粥”可见。“粥”拆开便是弓、米、弓。“米”指稻谷米粒，“弓”为“张开”、“扯大”。“米”夹在两“弓”之间，将米粒从左右两边同时扯大，自然得到一锅粥。

腊八粥、梅花粥、神仙粥、茯苓粥……清代黄云鹄著《粥谱》收录的粥品多达247种。现在更是出现各种新式粥品，像艇仔粥、鲍鱼粥、芝士粥、皮蛋瘦肉粥等。在我眼中，春用薏米、夏选绿豆、秋挑芡实、冬入红枣，以五谷之香入五谷之味，方能凸显婉约本份的粥气。

初中时，学校的菜粥都是半吃半扔，嫌弃之情难以言表，唯糖粥百啖不厌。

皮市街的花鸟市场有一家“大牌”粥摊，一对老夫妻每天午后摆摊，一辆手推车、一把遮阳伞、几个大桶，还有排得长长的人龙，气场十足。不到4点就售空，这就是和我同姓的本家粥摊——“潘玉麟”。

众粥品里数鸳鸯粥人气最高，白粥里加入糯米经长时间熬煮，稠软香甜；豆沙经过研磨，柔软细腻，细尝之下有种坐闺待嫁的含羞之味。苏州，是否也有“酥粥”之意？将苏州美女酥骨动人的吴音比作糖粥，大家应该没有异议吧！

熬粥，最注重“熬”字，短则数小时，多则一夜，火气先武后文，细细熬制，民间便有了“人熬粥、粥熬人”的说法。好粥表面会有一层油亮的“粥油”，乃粥精华所在，补气最佳。盛上一碗潘老爷子的白粥，就两个花卷，佐一碟萧山萝卜干，远胜那些海味山珍的荤粥，呈现出无上妙音的禅味。

桂花酒酿小圆子也值得一尝，手工制作的酒酿，米香浓郁，丝毫没有超市售卖那种过度发酵而呛喉的酒气。滑糯的圆子经过酒酿渲染显得更加迷人“醉”香，桂花点睛，回甘满是宜人的香气，就以李商隐那首《代董秀才却扇》中的“若道团圆似明月，此中须放桂花开”收官，留待回忆无限。

遇见，未知的奶茶

在你还未读过张德芬执笔的《遇见未知的自己》之前，“遇见未知”你会认为这是扯谈，将来如何，怎可预知。

菲妈有一位同事，喜欢扑克占卜，曾帮我算过一挂，预言四十岁会大富大贵。我权当是句玩笑话，生老病死、富贵贫穷，岂是天意安排，未知的将来必须靠自己打拼，别妄想“天上会掉馅饼”。

许多朋友都知道，我在最没“人性”的设计圈摸爬滚打了近7年，完全预料不到有一天会抛弃它投身美食圈。锅为色盘，酱为画笔，在盘中码放可口的食物，书写烟火汁酱的幻化之美。

一入美食深似海，身边围绕着一群整天“胡吃海喝”的“腐友”，想明哲保身，做梦！芝士炸猪排、肉糜炖蛋、奶茶……每当减肥清肠之时，总会准时出现。没有辣酱油的猪排不吃，没有经过半小时摔打的肉糜炖蛋不碰，不达“福记”标准的奶茶自然也不喝。

朱姐，福记港式茶粥面的老板，做事雷厉风行，一心寻觅好食材。我曾经烤了些菠萝干请朱姐赏味，结果她大赞菠萝品质优越，胜过寻常超市出售的菠萝，特意问我要了电话，准备派人打车去我家附近的菜场采购，对食材品质如此苛刻，叫人钦佩。她更是在家乡福建自辟农田，种食材，酿新酱，为的就是让大家吃得健康和安心。

我眼中的福记有三宝，奶茶、花菜、糯米饭。经常花1个多小时换两部地铁来此过奶茶之瘾，义父管家更是会从浦东打车至此，为的也是这杯原味冻奶茶。

有人嫌福记的奶茶茶味太过浓郁，香气不足，是因为朱姐只选斯国红茶，而非港式江湖加了乌龙的拼配茶。红茶煮完在师傅手里上、中、下各来回拉上5次以上，回锅小煮后，继续拉茶，至少五五二十五次才可罢休。上桌前，再以荷兰黑白淡奶冲茶，芬香醇厚，茶味融入丝滑的奶中，浓郁而不浓重。“摒弃哗众取宠的各种提香，孤独求败地等待那些寻找真味的有缘人”，是朱姐对奶茶的态度，也是我学习和遵循的料理法则。对于那些将如此奶茶推开的食客，我只能掏一块手绢出来拭泪惋惜。

我常会对我的好友“玩味每一天”抱怨，都怪你带我去福记，害我时常念想福记的原味冻奶茶。街边那些小铺用香精茶粉冲兑出的“奶精水”，完全是玷污了

“奶茶”的名誉。想要找一杯“福记标准”的奶茶，绝非易事，在其他城市找个唯二的选择，是当务之急。离开苏州前，馋瘾发作，想觅这么一杯或性感、或丝滑的奶茶润口。

走到平江路的中段，发现一家明信片主题馆“猫的天空之城”，现在许多城市都有分店，但我第一次与它相遇便是在这条平江路上。两层木制阁楼建筑，可爱的猫咪摆设和恰到好处的绿植装饰，将店内的小清新衬托得清爽怡人。

“猫空”（猫的天空之城，下文简称“猫空”）最大的卖点是可以在店内选购成品或是自己DIY的明信片，只需告知店员寄出的时间，一月，一年或是十年后，可以按照你设定的时间将明信片寄出，听着有那么点神奇。因为大家都不知道，未知的自己收到时会是什么心情和状态。

我平时待人处事算得上尽心称职，人缘自然也不错，经常收到大家旅行时的明信片。所以，我每到一处也会选够些当地的明信片，寄给朋友们，以作留念。

周末的傍晚，那些俊男靓女都喜欢结伴而行，靠窗的景观位早就被满满当当霸占了，无奈挑了一张还算柔软的沙发坐下，颜色是我喜欢的嫩绿，心情轻松。桌上笔罐里塞满了彩色铅笔，在明信片上得瑟一下自己的画技，对于一个设计师来说没有任何难度，当我唰唰唰在卡片上挥笔泼墨时，店员把之前点的奶茶端到面前。

装在透明玻璃杯中的奶茶，茶色纯净，茶香淡淡，没有庸俗过份的香气。抿一口，直接滑入味蕾，茶叶的甘苦与奶味的甜香点到即止，舌尖留有隐约的草青酸味，激发唾液不停分泌，一喝便停不下来，有种似曾相似的味道。

细问营业员，原来奶茶也是手工煮制拉香，作为“猫空”的明星产品，当之无愧。

福记奶茶，宛若声线迷人的中音歌姬，娓娓吟唱，不张扬，骨子里却韵味十足。弥散开的柔美之声，留待的是无限念想。猫空奶茶，则像抱着吉他轻轻哼唱的女生，弦音飘到之处，清新拂面，与融合文艺创作的明信片插画异曲同工。

下一杯未知奶茶，你遇见了吗?

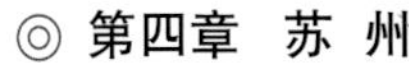

新货登场

现在去苏州如果还是帮家人带豆腐干，绝对是要被鄙视的。可惜至多美物饕食只能趁热现吃，不宜揣走，那小菲就厚颜推荐一下吧。

哑巴生煎

就算你一早六点去也要排队的生煎，我是懒虫，睡到八点才慢悠悠的晃过去，已经是一大串长龙，排上半小时买到实属不易。

狐狸家奶酪

流行小奶瓶包装，不仅吸引女生小孩，也吸引我这个大老爷们。老黄色的包装纸上印着可爱的狐狸 logo，与其说冲着它们家的奶酪，还不如说是冲着可爱的包装去的。

花猫酸奶食堂

去的时候已近深夜，酸奶不巧卖完，有人去了记得告诉我好不好吃，至少招牌上那只花猫是我喜欢的style。

猫的天空之城

这家就不用多介绍了，红遍大江南北，唯一的区别是这里是两层的独栋建筑，算是所有猫空系列里我自认最有味道的一家，尤其是夜晚。

尚河

喝咖啡的地方，晚上可以在门口凹凹造型，拍点“大片”，白天可以找个靠窗的座，吃吃点心，发发呆。

柠檬醋蟹肉球

秋风起，蟹脚痒，大闸蟹已经爬上我们的餐桌，如果觉得传统的吃蟹方式太过无聊，那就跟着鱼菲来一次造型大改造吧！

材料

大闸蟹1只、鸡蛋1个、粟米5颗、青豆4颗、枸杞3粒

调味料

柠檬醋3勺、糖1勺、姜末1勺

做法

1. 大闸蟹隔水蒸熟，将蟹肉拆出
2. 鸡蛋放入水中，小火煮熟成白煮蛋，晾凉
3. 粟米、青豆、枸杞焯水，姜切末
4. 白煮蛋对半切开，蛋黄、柠檬醋、姜末拌入蟹肉，搓成蟹肉球
5. 粟米、青豆、枸杞放入蛋白里，再放上蟹肉球即可

Tips 柠檬醋不但可以去除腥味，也能将蟹肉的鲜味更提升一个层次。

陈皮糖醋小排

浓油赤酱，陈皮入味，本帮也能透出小清新

材料

猪小排350克、陈皮5片、迷迭香1簇、八角1个

调味料

绍酒10毫升、 柠檬醋50克、老抽10克、生抽10克、盐少许、冰糖50克、香油1勺

做法

1 猪小排焯水，去除血沫

2 小排加水，倒入酱油、黄酒、八角、以没过小排为宜，盖上锅盖中火煮20分钟

3 打开锅盖，捞出八角、放入陈皮、迷迭香，翻炒几下，大火煮7–8分钟

4 尝味，如不够味可再加盐，倒入柠檬醋、冰糖、香油，调至最大火不停翻炒，使小排上色，翻炒均匀待汁收得差不多了，即可出锅

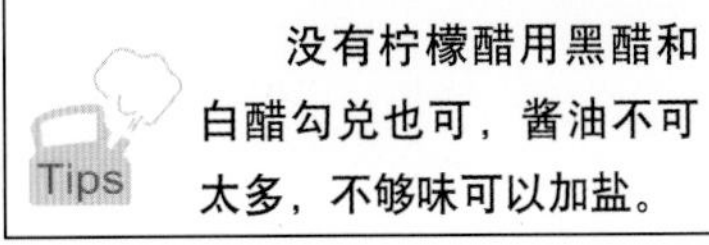

Tips

没有柠檬醋用黑醋和白醋勾兑也可，酱油不可太多，不够味可以加盐。

三色水果班戟

懒人福音，不用顶着太阳出门，窝在家中享受凉爽一夏

材料

西瓜半个、香蕉 2 根、葡萄 12 个、抹茶粉 6 克、低筋面粉 78 克、白砂糖 60 克、牛奶 160 克、鸡蛋 2 个、橄榄油 1 小勺、鲜奶油 240 克。

做法

1 鸡蛋加入 30 克的砂糖搅拌至砂糖溶化

2 西瓜用圆勺挖 4 个半圆，剩下的瓜肉榨汁待用，西瓜汁约需 80 克

3 低筋面粉过筛，分成 3 等份，各自拌匀后，拌入橄榄油，过筛

A. 26 克面粉倒入 80 克牛奶，搅拌均匀至无颗粒；

B. 26 克面粉和抹茶粉倒入 80 克牛奶，搅拌均匀至无颗粒；

C. 26 克面粉倒入 80 克西瓜汁中，搅拌均匀至无颗粒；

4 平底不沾锅烧热，用姜片快速擦匀锅底，转小火，不放油，将 ABC 三种面糊，分别摊成 3 种颜色的薄面饼，不用翻面，大约可做 6–8 个

5 奶油加入 30 克糖，打成硬性泡发

6 取一张面饼，在中心铺上一层奶油，分别将西瓜、香蕉、葡萄包入相应颜色的面皮中

7 最后将面饼包成四方形即可

Tips

放入冰箱冷藏20分钟品尝，口味更佳。

电饭煲盐焗鸡

懒人版电饭煲盐焗鸡，5步教你做出零失败的美味鸡，如果你还说不会做，那我只能说你确实懒到极致了，赶紧开始吧。

材料

鸡 1 只、生姜 1 块、葱 1 把、盐焗鸡粉半包、盐适量、食用油适量

做法

1 鸡洗净，擦干，均匀涂上绍酒，腌渍30分钟

2 将少许盐和半包盐焗鸡粉混合，抹在鸡身，保鲜膜包裹后，腌渍8小时

3 姜切片，取一半和葱塞入鸡腹，刷上一层油

4 电饭煲内壁刷油，放入葱姜

5 将鸡放入电饭煲，盖盖，按下煮饭键，等灯跳至保温，再按下，重复两次

6 最后一次跳到保温，闷10分钟再取出，微凉后切件

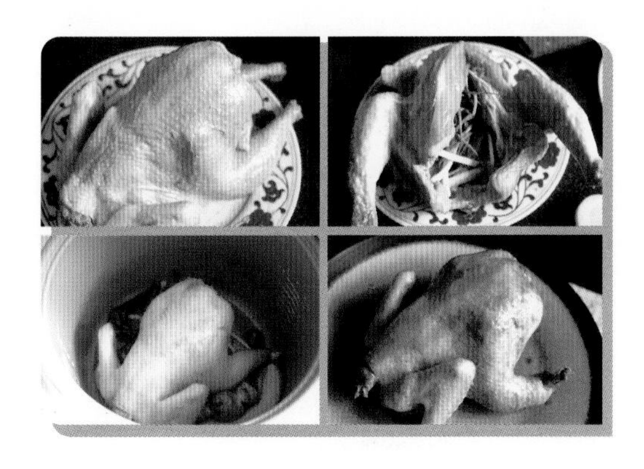

1. 等第一次保温灯亮后，继续按下煮饭键，重复2次，期间每按下煮饭键前，将锅内的鸡汁均匀刷在鸡肉表面，可使鸡皮颜色漂亮，同时也让鸡肉更入味。
2. 如果想要短时间吃，可以适当多加盐的份量，至少也需要腌渍4小时，否则难以入味。

豚肉海带香菇盅

香菇有意，豚肉有情，两情相悦，喜得贵子

材料

黑毛野猪肉糜200克，有机香菇3朵，海带丝100克，鸡蛋2个，葱50克

调味料

生抽1勺、糖1勺、生粉1勺、盐少许

做法

1 将猪肉糜里面加入切碎的海带，酱油，盐，糖，生粉，鸡蛋拌匀

2 将拌匀的肉糜嵌在香菇上，隔水蒸制15分钟

3 海带丝焯水后，系成蝴蝶结形状，置于肉糜顶部

利用蒸菜时的汤汁，用生粉勾以琉璃芡，淋在菜上，风味尤甚哦！

粗茶淡饭

不如闻香品茗，啖一颗虾仁，尝几粒年糕，若是能配上一碗清爽的茶泡饭，定是极好的！

材料

鱿鱼1片、隔夜饭1碗

调味料

昆布1勺、龙井茶叶2克、味噌酱1勺

做法

1 龙井茶叶泡开，取第二泡，约1壶量

2 鱿鱼洗净，汆水后，加入桂皮、八角、丁香、1勺酱油、1碗水、糖煮5分钟

3 昆布放在茶水中泡开，等微凉后（约80度），加入味噌酱，调匀

4 将小碗里的饭倒扣在调好的茶汁中，码上切成细丝的鱿鱼即可

味噌酱是用黄豆制作，80 度的水冲开最佳。

锡兰奶茶

我一直认为在家吃东西没那么多讲究，自己喜欢就好，心情好的话可以大阵仗摆弄一番，忙碌的时候简单便好。若是下班到家，为了一杯奶茶，还要特地出去买黑白淡奶，我觉得有些费神费力。

现在在家里玩烘焙的朋友超多，家里的奶油或是炼乳经常开封吃不完，直接用来煮奶茶是极好的。

材料

宝锡兰红茶50克、蓝风车奶油100克、炼乳100克、牛奶500克

Tips 煮开后奶茶表面会有一层奶膜，过滤后可以减少脂肪的摄入，拉茶是增加茶香的过程。

做法

1 将所有食材混合，置于锅内，小火煮15分钟

2 煮制过程避免材料沸腾，经常用筷子搅拌，使其均匀

3 最后1分钟大火，煮开，用沙漏过滤掉茶叶和奶泡

4 用两个盆来回慢慢拉茶，不少于10次

桑葚提拉米苏

材料

马斯卡彭奶酪100克、淡奶油60克、奶油芝士40克、蛋黄1个、糖30克、水5ml、意式咖啡30克、杏仁力娇酒1小勺、手指饼干60克（垫底和夹心用），手指饼干、桑葚、草莓、薄荷叶少许、抹茶粉少许

做法

1 马斯卡彭奶酪打送，奶油奶酪芝士隔水软化打发至白色，奶油打发至7分

2 水和糖烧开，蛋黄打匀慢慢倒入糖水中，用电动打蛋器打发变白

3 等步骤2中的蛋黄液糖水糊稍凉后，将步骤1和步骤2的所有东西混合

4 磨入柠檬皮碎冷藏3小时

5 手指饼干捏碎，意式咖啡和杏仁力娇酒融合，淋在饼干上

6 将做好的提拉米苏奶油装入裱花袋，裱在饼干上，撒上抹茶粉

7 放上草莓、桑葚等水果装饰，完成。

Tips 打发蛋黄液的时候要均匀快速，切不可做做停停，不然就变成蛋花糖水了。

“乌镇，来过便不曾离开”！因为这句广告词，我的游记本上早已书写下“枕水人家”四个字。也许是我的职业病，每次旅行，提前做好功课，搜寻当地美食，在路上边吃边拍边记，及时和新老饕客问询分享啖食尝鲜的快乐，已经变成我的一种习惯。

1 初食「糕」捷
2 谁言寸草心，抱得青团归
3 做鸭那些事
4 把酒临风，「羊羊」得意
5 马兰头，万物生
6 吃不了兜着走
7 菲尝食谱

前奏——包打听

2013年2月22日22：34，这文档从打开到现在已过去5个小时，“每次要出发去另一个国家、一个城市、一个镇”白底的文档上只留有这一句话。这段时间，烤饼干、选衣服、理行李、看电视……突然发现，还有这个文档的存在，真是岁月催人老……

“乌镇，来过便不曾离开”！因为这句广告词，我的游记本上早已书写下“枕水人家”四个字。也许是我的职业病，每次旅行，提前做好功课，搜寻当地美食，在路上边吃边拍边记，及时和新老饕客问询分享啖食尝鲜的快乐，已经变成我的一种习惯。

计划。为了赶稿，天天焦头烂额，而同行驴友一个个都是“懒鬼”，等着我来规划。直到前5天还没订票、订房，汗！既然让我安排，时间、地点、行程就都由我来掌控，房间挑我最爱的“江南 Style”，交通选择两小时的大巴。

住宿。选景区里的民宿，好处有三：其一，淘宝支付预订，到店再付尾款，若是环境不符，可另外选择；其二，民宿多在东西栅景区内，住一晚，第二天可以接着玩（需要门票的景点不能进入）；其三，多数店家会有专车到车站接旅客，还省了笔打车费。

美食。网上吃货的攻略很多，尤其是万能的微博，集合大家的意见后筛选出喜欢的，按一二三四排列好。古镇，东一条巷子西一个胡同，小店的电话就变得尤为重要，迷路的时候绝对能派上用处。

物品。二天一晚的行程，尽量轻装上阵：一个背包、一个相机、洗漱器具、换洗内衣，以及每天必用的物品，例如手机、纸巾等物品。我因为拍摄美食，所以会带两个相机，一大一小。

期待。在旅行的前一晚，总会有各种遐想，各种憧憬，这个时候就应该洗个热水澡，随行电器充好电，准备好第二天穿的衣服，关灯，睡觉，大家晚安。

2013.2.22

23：50

初食“糕”捷

铃铃铃，六点闹钟一响，我就像触电一样，“咻咻咻”，穿衣、洗脸、吹发……平时磨蹭一小时的活，今天半小时全搞定。

本来周末早晨的地铁都很空闲，今天满满一车人，感觉故意来嘎闹猛（凑热闹）的吧。上大巴车挑了个靠窗位，沿路的建筑和麦田也是不容错过的景致，可惜这次遇上雾霾，可见度只有50米，被堵在半路上，我调侃地发了条微博“突降大雾，是九尾狐要出现了吗”！

堵堵停停，挨到调头，抵达乌镇也就迟了十多分钟，真心赞赏司机师傅的车技。

我们住东栅，抵达民宿，放下行李，开始出门觅食。按名宿大姐指点，沿居民老街一路往北，隔三差五能看到不少小吃，迷你粽子、芡实糕、扎肉……殊不知接下来就要引发一场由“一只奶‘糕’锅盖引发的馋吐水”。

转角遇土灶，淡墨缕缕，锅汽升升。半首油诗不请自来：“金锅银勺吾不喜，摘

得梅兰怯竹菊；双鱼戏水心游在，只待一丝烟火气”。

江浙地区老一辈家中都有一个黑色圆柄银白色铝制盖身的锅盖，下面配一个同口径的锅子，我们称为“奶糕锅子”。它个小壁深，一般都用来煮奶糕（奶糊或米糊）给刚出生的婴儿吃。我小时候，还没有婴儿米粉之类的东西，从小是吃奶糕长大的，形状和一块块白色麻将牌大小的芡实糕有些相似。水煮开，放入奶糕，快速搅拌，变成糊状即可。到了我妹妹那代，会事先煮一个白煮蛋，只取蛋黄，碾碎混入奶糕糊中，苍白的奶糕糊瞬间生动了起来，变成诱人的鹅黄色，营养也丰富了不少，我偶尔会趁大家不注意，悄悄地偷吃两口。

所以每次看到这种锅盖，就会回想起各种记忆，异常想念。但如今市面上早已难觅奶糕的踪影，只能望“盖”止馋。

这摊卖梅花糕的铝盖下面不是铝锅，而是小巧精致的梅花木器，锅盖已经凹凸不平，年月久矣。大姐提起锅盖，一朵漂亮的白梅倾然而出，丝丝热气，香煞旁人，左

边木牌名曰“定胜糕”。点上红丝绿丝，用糯米纸包裹，飘逸的花托自然天成。同行朋友疑惑问，这纸那么粘，撕不掉怎么办，“噗”我忍不住笑出声来，90后的小孩子果然没有我们“幸福”。

黏在糕上的是可食用的“糯米纸”，小时候我们吃糖，外面都会包上一层，那时为了好玩，会剥开好多糖，把糯米纸舔掉，再用糖纸把糖包起来，相信干过这种坏事的朋友不在少数吧（偷笑~）。虽叫它“糯米纸”，但它却不是用糯米制作，也不含纸浆。细心的朋友会发现，家中若是直接明火煮饭或是比较老式的电饭煲，在饭熟之时，盖子周边有一圈薄如蝉翼且成片状的透明物质，那便是“糯米纸”了。煮饭时，米受热，淀粉融于水中，沸腾时便滞留于锅边，待高温加热冷却后，便自然形成这入口即化的糯米纸了。

我时常吃到的是加了红曲的红色定胜糕，每逢搬场入住新屋或是老人祝寿，都会有它的身影，从小就听父辈称它为“松糕”，估计源于它松而不散的口感。它两边

宽，中间窄，活脱脱一个元宝，一般上下一对叠放售卖，成双成对讨个吉利。

定胜糕，也称“定榫糕”，传说很多，但我更倾向南宋名将韩世忠的故事，缘由“敌营像定榫，头大细腰身，当中一斩断，两头勿成形”这一说。按历史记载定胜糕隶属苏菜系，曾也是五芳斋的当家花旦，按地区不同，颜色、式样也各有千秋。上海本地的崇明糕、苏杭的梅花糕，在我眼里都算作同一类型的糕点，口感粉粉粗粗，不如寿桃来的细腻。

蒸制木器选用梨花木，底小口大，容易倒出。材料也简单，粳米、糯米磨成粉，加入砂糖，隔水热蒸20分钟，倒扣出。据查阅，以前定胜糕花色繁多，制作时会在粉中掺上各类花卉汁和蔬菜汁，红、黄、绿等，图案则有半桃、牵牛、梅花、棱台等形状，如今为了方便，看到的大多是红白两色。论口感，红色略显粗糙，白色入口软糯、细腻，内馅豆沙甜度适宜，清晨配上一碗小米粥，算是不错的早餐。

“扁担宽、板凳长……”（SHE的《中国话》），突然想哼两句，朋友说我怎么老跳Tone，我抿抿嘴，笑嘻嘻地说：“Sorry，这就是鱼菲Style”！

谁言寸草心，抱得青团归

我应该算是一个勤奋好学的吃货，每每外出，就开始四处搜寻各种可口食物。地域广阔，众多美馔还未一一得尝。

每天最开心最轻松的时间是在微博与博友分享和探讨美食，记得前阵子因为一个馒头，还引发了一场南北辩论，缘由是我晒了一张“馒头“图片的微博。

“老妈，一个馒头就把我打发了，还是少块皮的”。当时这条微博一出，有人开始反驳我的说法，例如 :“这明明是包子”;“写错了吧，这怎么会是馒头”之类的。

在上海，乃至江浙一带，无论是菜包子还是肉馒头，我们都以“馒头”相称。早上起来，父母会问，今朝（今天）吃“菜馒头”还是“肉馒头”？但遇到天津的“狗不理”或是内馅是“奶黄”的，我们又会称作狗不理包子或奶黄包。所以关于沪语中语言习惯的问题，是剪不断理还乱的地域习惯。就像南北咸甜豆花之争，吃粽子蘸糖还是蘸酱油的习惯一样。其实，自己喜欢，有什么不可以。

接下来要说的这个话题和

上述有些相似，但也不完全一样。闲逛乌镇，发现一家小酒馆，本想坐定，解决午餐。殊不料除了面和小食，别无其他，大家都面露难色，只得继续觅食。出门时，发现木格蒸笼里一个个可爱的“青春团子”。

眼前这有些“色温不均”的团子，你应该会和我一样，疑问这到底是不是青团呢？大家主要分成两派，一派说是“青团”，一派说是“蒿子粑粑”。

江浙一带的“青团”，以艾叶、糯米为料，以前曾用泥湖菜，现不多见。传统做法：艾蒿下锅，加入石灰蒸烂去其涩味，漂去石灰水，揉入糯米粉中，裹入红豆或是青蔬的内馅，捏成呈碧绿色的团子，锅底垫上粽叶，沸水煮开，隔水蒸上七八分钟即可，成品颜色均匀、葱郁清亮。

上海并不都是甜食，老字号王家沙就有清爽不腻的马兰头豆干青团，尤其刚出炉时飘散在空气中那一缕明绿的水汽，轻轻一嗅，似乎衣角发丝之间都沾染了艾叶独有的味道。如果选择豆沙馅，轻轻咬下去糯软而细腻的米香，豆沙在齿间慢慢渗出的豆香和熟悉的艾香，甜得恰到好处，香而不浮，软而不烂。

(上海王家沙马兰头青团)

蒿子粑粑，起源于安徽霍山县，传说农历三月三“鬼节”，用蒿草和面做成粑粑，可保平安，不会被巴魂。具体故事大家可找“度娘”查询，我就不搬砖头了。

做蒿子粑粑，要在菜地里寻找透着香气的蒿叶，若是采摘到臭蒿，那这一锅的粑粑估计要臭气熏天了。最原始的蒿子粑粑，与粽叶为伴，从地底下打上来的井水，将粽叶一片片刷洗干净。蒿叶热水烫过，剁碎，混合糯米粉、砂糖，揉成面团，蒿叶的汁水在揉面时慢慢渗出，面团被染成漂亮的青翠色，不粘手为宜。大大的竹制蒸笼，铺上粽叶，将面团用手搓成一个个圆形堡垒，留些间隙摆放，隔水蒸15–25分钟，筷子戳入粑粑不粘筷即可。

（艾叶）

青团与蒿子粑粑是同父异母的兄妹，艾叶和蒿子源自同个祖宗，虽然均有特殊香气和苦味，但的的确确是两种东西。做法则根据地域口味不同，会适当调整。在广东及台湾客家，它被称为“艾粄”；在江西客家，它被称作“艾米果”；在闽南及潮汕，则叫作“艾粄”；而广府地区则常念“艾饼”。

做鸭那些事

做一只鸭子，有太多无奈，要得掌事欢心，从“籍贯”“体重”“外形”，都要符合他们的喜好，过瘦过胖，统统拒之门外。衣着也尤为讲究，可“白衫”、可“西装”、可“华服”……但都要掌握一个度，欠之则太过内敛，过之则稍显浮夸。

“按摩过程”也特别讲究，除传统中式、西班牙油浸、泰式日光浴都是鸭子的最佳拍档，按摩的好坏，直接影响外形和口感。

有人问，你最爱吃什么鸭子?

酱鸭，一定是必选项。因为它不像八宝鸭那般浮光掠影，稍食两块，便有饱腹之感!

小时候每逢暑假，总要去外婆家住上两三个星期，早餐通常是牛奶加小馄饨，晚餐则会有一道专为我而做的压箱菜——酱鸭。无论是滑爽鲜嫩的小馄饨，还是酱香柔润的酱鸭，统统由外婆亲手烹制。

外婆做鸭子，对产地并没太多讲究，大小在3斤左右，能整只塞进家里的锅便可。鸭子洗净，掏空鸭腹，将葱节、姜片、八角、桂皮塞入，倒入半斤黄酒，用针线缝上，鸭肚朝上置于锅内。两大碗水（家里通常用的蓝边大碗）、三勺酱油，倒入锅中，盖上锅盖，小火烧制水剩三分之一，入冰糖，熬制酱汁变稠，淋上麻油，出锅!

暗红色的酱鸭皮，入口甜，回口香，柔润不酥；鸭肉轻抿，便骨肉分离，软而不烂，形而不散。若没有炉火纯青的“内功”，断然是烧制不出的。酱好的鸭汁，更是抢手货，拿来直接淋在饭上，调羹三下五除二拌上几下，不吃上三碗，我是绝对不会罢休的（发育期的孩子，估计胃口都很大）。

众多酱鸭中，我觉得可以和外婆的酱鸭媲美的，文虎酱鸭算一个。阎明复先生曾在文虎酱鸭总店的牌匾上题词——浙江第一鸭。至于为何屈居浙江第一，网络上有个段子可追溯缘由：全球第一鸭是“唐老鸭”，中国第一鸭是“北京烤鸭”，所以这“文虎酱鸭”只好屈居省内第一。如此说来，文虎酱鸭倒有可能是一般一般，全球第三。

文虎酱鸭虽美，但总不能隔三差五跑那打牙祭吧，找个可以相媲美的酱鸭，绝对是当务之急。

乌镇东栅入口不远处有一艘拳船景点，斜对面是一家名为乡月楼的土菜馆，残木旧桌，本有些嫌弃环境，不想进去。终因拗不过肚饥眼花的身体，勉为其难将就一餐。

翻翻菜谱，乌镇酱鸭、乌镇羊肉、马兰头……哎哟，没想到名菜还不少，哈喇子（口水）流一地了，立刻跟老板娘下了单子，坐等开吃。

酱鸭一上桌，那枣红色的鸭皮绝对弹眼落睛（沪语：引人注意，让人眼前一亮），日光下泛着油亮的光泽，这卖相在寻常百姓家是做不出来的。未下筷，仿佛都能感受到那鸭肉的甜香。夹一块送入口中，鸭皮较普通酱鸭皮多了丝韧劲，越嚼越香，想再多嚼几下的时候，发现不知何时它早已与鸭肉化渣于口中，留下满口的鸭香。

五分钟不到，那叠惊艳透着点朴素的酱鸭，已成了我们的肚中物。询问做法，老板倒是很爽快地告知。乌镇酱鸭，只选本地当年放养的土鸭，原汁原汤反复浸烧，（就像馒头店的老面团，越久味道越浓），待鸭子体内水份几乎蒸发，涂上一层麻油，方告完成。

我还煞有其事地拿出个小本，一字一句地记录下来，孰料想，转头一看，墙上一张海报清清楚楚地都列出来了，难怪老板说得那么溜，估计每天他要念上十几遍吧。

趁回味酱鸭之际，另一个主角，羊肉登场啦！

把酒临风，“羊羊”得意

“喜羊羊，美羊羊，懒羊羊，……我只是一只羊，绿草因为我变得更香”。每次听到这欢快的歌声，我就知道全家的开心果嘉瑜来了，这是她平时最爱唱的儿歌《喜羊羊与灰太狼》。

嘉瑜是我的小侄女，今年芳龄5岁，头顶一朵蘑菇头黑发，爱穿红裙子，笑起来露出两个迷人的小酒窝，超萌小萝莉一枚。

嘉瑜去长兴岛，隔三差五会托爷爷奶奶或爸爸妈妈给我稍些嘉瑜外公外婆自己种的瓜果蔬菜，纯天然、无农药，吃得健康。我每次和她一起看《喜羊羊与灰太狼》时，都会十分想念长兴岛的邻居“崇明岛”，因为在那可以尝到岛上特有的“长江三角洲白山羊”。（啪……我不是灰太狼，红太狼不要打我）

桌上这碟羊肉，号称“乌镇三宝”之一，独选肉嫩脂少的“花窠羊”（即青年湖羊）为料，四角方盆，大把的青蒜直接洒在羊肉上，简单舒服，毫无半点做作。伴随着热腾腾的水汽，一股幽雅却又热烈的香气不

断涌出。细嚼一口，煨到酥软的羊肉入口即化，羊肉的热气蒸开了蒜香，蒜香又提升了羊鲜，沁香宜人，毫无膻味。

做法倒也简单，羊肉与萝卜焯水，加入红枣、酱油、黄酒、葱姜、冰糖，大火煮开，再用文火慢炖，三小时即成。遗憾的是，一盘羊肉，没吃到几块带皮的，倒是夹在里面的红枣，甜香有余。

崇明岛的羊肉好比杨贵妃，块大，嚼起来带劲；乌镇的羊肉便是王昭君，婀娜，吃起来味香。同为美人，但各有韵味，一个羞花，一个落雁。

我小时候住的张华浜的老房子，用的是土灶，一到冬天，生起一炉柴火。奶奶买来一整只崇明白山羊的前腿，膻味极轻、肉质细嫩，用来红烧自然是极好的。用刀将羊肉切成小块，入沸水，与白萝卜同煮，先去膻味。接着，捞出羊肉冲净，萝卜弃之，羊肉入锅，不放水，下黄酒、啤酒、酱油、葱节、姜片、陈皮、红枣，炭火煨上两小时，便皮酥肉烂。

大人们会烫上一壶黄酒，小孩子则冲上一杯麦乳精，一口羊肉，一口酒。外面飘雨（上海冬天下雪的日子不多，阴雨居多），屋内家人围坐，边吃羊肉，边看电视，算是寒冬腊月里最惬意的事情了！

现在做羊肉，我会多放一样食材，便是核桃。袁枚的《随园食单》记载，红煨羊肉，加刺眼核桃，放入去膻，亦古法也。此核桃为山核桃，身上天然有着小洞，烹煮时，核桃的油香散发出来，羊肉出锅便泛有光泽！好吃不懒做的厨娘煮夫，可在家操练起来。

马兰头，万物生

萨顶顶，这个连续两年在春晚舞台绽放天籁之音的歌姬，如果你不认识，那请你先聆听下她的《万物生》，再阅读以下文字。

“从前冬天冷呀，夏天雨呀水呀，秋天远处传来，你声音暖呀暖呀……”，这便是《万物生》里开头的歌词。音乐一起，牧民轻快的呐喊，融合萨顶顶的空灵之声，立刻醍醐灌顶，就像亲临春野之中随风摇摆，风姿轻盈，仿佛连心灵都得到了净化，如沐春风。

三月乌镇，处处是嫩柳新叶，万物生发，春色无边。“马兰花、马兰花，风吹雨打都不怕，一五六、一五七，一八一九二十一……”我们吃饭的馆子对面，居然传出小孩子跳皮筋的儿歌，别看我是1.75的男生，小时候被女生拖去跳皮筋，绝对不输她们，跳到腰以上五六级数，完全小菜一碟。

马兰花，名字熟悉，长什么样是完全没有概念，问过花市老板，才发现原来公园里经常寻见，紫色花，分六片，上下叠加如京剧中花旦甩出的水袖，灵动中透有一丝秀美。名字同样有些“相似”的马兰头，大家就熟悉的多了。

马兰头，也叫“田边菊”“路边菊”，三月间在田野乡间小路唾手可摘的野菜。陆游的诗《戏咏院中百草》曾写到：“离离幽草自成丛，过眼儿童采撷空。不知马兰入晨俎，何似燕麦摇春风”。可见古时，马兰头即是孩童的玩物，也是寻常百姓家的肴馔。

2011年，三五好友，去崇明森林公园，路边树下的绿茵中，满满都是。我以前是不识马兰头和荠菜的，除非荠菜开花，顶着一簇满是“爱心”花群，但那种已经是老到不能吃了，和豆腐剁碎包包馄饨差不多。

后来，遇见一个专门“挑”马兰头的大姐，采了荠菜和马兰头给我做对比，立马就记住了。荠菜叶多，形似百叶窗，呈波浪形；马兰头一般一株二到三片叶子，从根而长，靠近根部的梗成苋红色。

大姐有块削尖的小竹片，一手轻轻捏住叶杆，一手用竹片轻轻一“挑”，一株马兰头就出来了。所以“挑”马兰头就是这么来的，而不是采马兰头。当然，嫌麻烦的，直接用手撷也未尝不可，公园里的妈妈奶奶们，都是亲“手”上阵，也遇到过有备而来的，拿一把不锈钢铁勺，用勺尾一橇，一堆马兰头，用手绢一包直接兜着走，家里餐桌上一道素菜就有着落了。

撷回来的马兰头，需要仔细的择去老梗、杂草、只留嫩头，净去尘土，沸水中撒些盐，我还会舀一勺橄榄油，这样汆水除掉涩味的马兰头，颜色更葱郁，更亮，中餐号称“油焯水”。

汆的时间亦有讲究，马兰头下锅，最长不超过一分钟一定要起锅，否则，香气尽失。

接下来，只要把撩起来的马兰头，团起来，用力把水搅干。我一般偷懒，直接拿纱布，把菜包裹起来，像拧干毛巾一样，用力拧两到三次，水份就掉得差不多了。我之前一直觉得蔬菜水份多才好吃，第一次拧的时候故意留点水份，结果吃起来“沾口粘牙”，毫无清爽之味。

马兰头拧干后，直接剁碎，虽然现在家里都有粉碎机，进去十秒就帮你收拾好，但收拾的过于热情，都成马兰泥了。身边的朋友和我一样，喜欢手持双刀，来一段有节奏的“架子鼓”（我小学时曾担任鼓号队的鼓手，自然对“嗒嗒”的敲打声情有独钟），让平静的厨房，也能传出欢乐的声音。

拌菜用的豆干，必选香豆干，茶色外表，和普通豆干相比，更香，更硬。

香干买来，便有淡淡的咸味，所以调味，在剁碎的马兰头里直接撒盐，淋上麻油，拌匀后再放入香干。装入碗中后，稍稍压实，倒扣于盘中，便是餐厅里二十元一份的凉菜了。

可惜我从小不爱吃豆干，所以每次都会请菲妈把我的那份单独留出来，自己加些榛果碎进去，都说独食必肥，我就不信了，有本事在我身上长个十斤肉出来，哼哼！

我们在乌镇点的唯一一份素菜，便是刚刚介绍的马兰花的妹妹“马兰头”。

和上海的做法不同，外观上，马兰头如同拌鸡毛菜，一簇簇，香干呈长条状，均匀散落在盘中。吃起来，不如剁碎的那么精细。妙就妙在店家加入了藕条，三样东西夹在一起入口，野菜的清新、藕片的爽脆、香干的芳香，恰到好处。

《随园食单》中记载："马兰头摘取嫩者，醋和笋拌食，油腻后食之，可以醒脾"。

怪不得一桌羊肉、鸭肉荤食下肚，完全不撑，原是这古风雅韵的乡野小菜起的作用。三月将春色移上餐桌，小酌一杯桂花酿，啖食品酒，最宜踏青！

我趁他们不注意，偷偷败（买）了包马兰头干，准备留到秋冬与红烧肉来次轻舞飞扬的亲密接触。

吃不了，兜着走

过年串门坐客，最开心的事情莫过於主人招待我们各式零食，软糖、硬糖、瓜子、花生、香榧子……每次吃了还不算，总要往兜里揣点，带回家和身边的小朋友分享。哦，忘记说了，这是我还没有读书时的事情。

读书时，和同学一起结伴旅行，导游总会时不时地带我们去一些所谓的好地方。这些“好地方”卖当地特有的食物或是工艺品，我们称之为特产。

工作时，去广州、香港出差，发现那边食品店（类似上海第一食品商店，当地特产都能买到）里的零食小点，售卖的阿姨都会说带两盒“手信”回去吧。

我当时第一反应难道是“明信片”？因为有“手”，有“信”，用手写完明信片，正好可以寄出。后来才搞明白，“手信”就是伴手礼，特产。因体积不大，信手捎来，所以有了手信一说。

在我的熏陶下，菲妈把旅行带回来的食物（直接食用，无需加工，例如：各种糕点、巧克力等），都和我一样称作“手信”，而那些需要经过加热或再加工的食材，我们称之为“特产”。当然这个完全是我家自有的习惯，并不是正规的说法，只是分享一些我生活中的个人习惯。

我对某些事物有些强迫症，打个比方，洗碗我最讨厌把饭碗摞在一起端到厨房，觉得这样是二次污染碗底。家母说我是歪理，好吧，每个人都有自己的支持，要我洗碗，就让我一个一个端到厨房，多谢！

说了那么多废话，回到乌镇，我对美食的想法，别人推荐的要试，自己看中的更要试。而对于手信，我一定是尝过味道，自己喜欢才买，绝不跟风，若不是自己喜欢的，坚决不入。以下全是鱼菲个人喜好，大家先尝再入，乌镇大部分小吃都是可以试吃的。

麦芽糖 东栅

制作麦芽糖的是个有些年岁的大姐，人豪爽，要合影什么统统都答应。

麦芽糖不含蔗糖，吃起来不会太甜，我买回去放了几天比当场吃会硬一些些，不过口感还是很软润的感觉。

三白酒 东栅

三白酒源自哪三白？《乌青镇志》上说：“以白米、白面、白水成之，故有是名”。三白酒作坊可以参观，蒸馏的木桶都可以看到，进门酒香四溢，有位大爷会问你是否要尝三白酒，55度，入口甘甜、香烈，一会就浑身发热，小酌不错，大酌伤身，三白酒博物馆入口处有卖。

油墩子 西栅

油墩子，我们也叫“萝卜丝饼”，因为里面都是萝卜丝。老远就闻到香味，排队至少十来人，说它有多好吃，并不见得。这个金黄酥脆的东西，现在并不多见，承载了太多我们儿时的回忆，买一个，也算是寻找那些年我们追过的味道吧。

花生糕 西栅

乌镇的花生糕，绝不是你想像的那样，它居然软糯的像蒸过的年糕。花生经过木槌的敲打，几乎变成花生末，在唇齿间过个两下，就下肚了。越“嚼”越香！说“嚼”，是偶有遗漏未被敲碎的细小花生粒，不但没有影响口感，更是增加了吃起来的乐趣。

熏豆茶 西栅

薰豆茶又称“烘豆茶”，薰豆为主料，辅料有胡萝卜干、桔皮、芝麻，但没有发现茶叶。熏豆“熏”之前煮制时已加入盐，所以吃起来有淡淡的鲜味，下午走累了，找家临河的店家，依靠窗口，晒晒太阳，磕磕瓜子，喝一碗熏豆茶，就连发呆都变得如此美好。

酱 西栅

叙昌酱园，创立于咸丰九年，是乌镇酱园的鼻祖。酱园有豆瓣酱、甜面酱、酱油等售卖，坚持传统制作，竹匾制曲、夏晒三伏、冬承白露，自然发酵酿制而成。酱园前厅有产品售卖，角落有一小屋，挂着的木牌上刻有七八道菜名，应该是可以品味尝鲜，我去的时候未营业，大家去的时候记得代我尝尝味道。

富贵藕盒

藕生于污泥，却入泥而不染，中通外直，不蔓不枝，自古就深受人们的喜爱。立秋过后，鲜藕更成为人们餐桌的最爱之一，宜炒、宜煎、宜煮、宜拌。

藕1根、黑毛猪夹心肉糜200克、面粉

生抽1勺、盐少许、姜末1/2勺、盐、黄芥末少许

1 藕切成1厘米厚，猪肉糜拌入生抽、姜末，盐，嵌入藕片

2 藕片挂上面粉糊，放入6成热的油锅内炸至金黄色

3 出锅滤油，点上黄芥末即可

Tips 吃时，外脆里嫩，藕有肉香、肉有藕鲜，回甘尽是微酸微辣的芥末香，口感独特。

三叶草青团

我不是桔子，我不是桔子，我是青团哟。

艾草250克、糯米粉500克左右、粘米粉20克、豆沙750克、仙草糖50克、猪油（约30个的量）

1 艾草洗净、去根，沸水放入小苏打粉1勺，焯水后，放入少量水打成泥
2 将艾草泥与糯米粉、粘米粉混合，加入少量猪油，捏成团，以不黏手为宜
3 单独捏一块白色的糯米团，用磨具刻出叶子的造型
4 豆沙里加入仙草糖，拌匀
5 艾草团分成35克每份，豆沙25克每份
6 像包圆子一样包裹起来
7 将白色糯米叶子点缀在青团上，稍稍往下压一下，再放上一个绿色的圆点

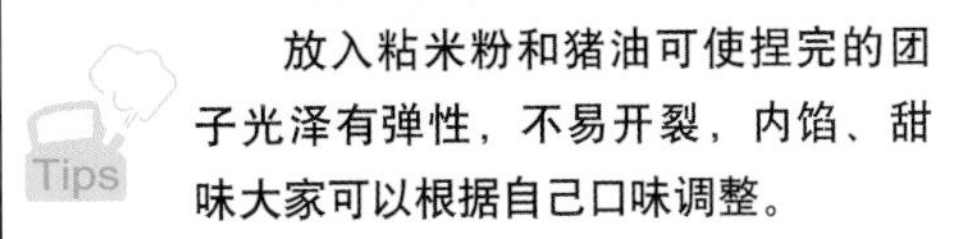

放入粘米粉和猪油可使捏完的团子光泽有弹性，不易开裂，内馅、甜味大家可以根据自己口味调整。

无花果四季豆色拉

一年之中，只有在这夏末秋初的季节，才能觅到这一颗颗无花果，配上奇异果的果肉和刀豆的爽脆，山羊奶酪点缀，谁能说这不是一道色艺俱佳的“蛋奶素”呢！

材料

无花果3颗、刀豆（四季豆）1大把、奇异果1个、花茶适量、山羊奶酪适量

调味料

油、盐适量

做法

1 选择红黄自然渐变的无花果

2 刀豆去两头，洗净，折成3段

3 沸水焯下刀豆，用漏勺舀起，迅速放入冰水中，降温

4 待凉后，捞出滤干，撒入盐和橄榄油

5 无花果洗净对切、切成扇形，去皮取肉

6 奇异果取出果肉，切块

7 花茶沸水泡开，只取花瓣

8 将刀豆、奇异果、无花果拌在一起，撒上泡开的花茶和芝士，完成

Tips

刀豆不煮熟会中毒，我煮了约3分钟，刚刚好，它本身带甜味，加上奇异果香甜，所以不用放糖。

双味焗口蘑

“采蘑菇的小姑娘，背着一个大箩筐……”哼着小曲，烤一盘蘑菇，让秋天的凉意瞬间烟消云散~

口蘑8个、猪肉150克、芹菜1/4根、洋葱1/6个、薄荷叶少许、草莓果干少许

帕马森奶酪50克、生抽2勺、香油1勺、盐少许、糖1勺

酱料

芥末芝麻酱、灯笼辣椒酱

做法

1 口蘑洗净，去除根蒂，晾干半小时

2 猪肉剁成肉泥，黄瓜、洋葱切丁，加入酱油、糖拌匀

3 将拌好的肉泥填入口蘑中，直至垒成一个小山丘

4 烤箱150度，中层垫上锡纸烤6分钟后，其中4个撒上车打奶酪丝，其余4个撒上帕马森奶酪，继续烤6分钟，出炉撒上海盐即可

5 2种蘸酱：a 将薄荷叶切碎，拌入芥末芝麻酱

b 草莓果干切碎拌入灯笼辣椒酱

> Tips　口蘑第一次烤完时会有汁水渗出，可将其淋在口蘑上，增加香味和湿润的口感。

豆腐三重奏

人间四月芳菲尽，豆腐野菜齐来贺

豆腐1盒、墨鱼1小片、荠菜100克、马兰头300克、青豆1颗、豆腐干

海苔草本调味海盐、砂糖、无花果醋、芥末、沙茶酱、香油

1 三重奏之——好事成双，豆腐切碎，不添加任何调味料，仅用几滴橄榄油增香，马兰头切碎，加入海苔草本调味海盐，砂糖拌匀。用圆形模具一层马兰头，一层豆腐，叠加推出，竖起摆放。

2 三重奏之——珠圆玉润，豆腐用温水淋过切块，沙茶酱兑水调匀，与豆腐一起置于小碗中。

3 三重奏之——情人的眼泪，墨鱼、豆腐干、荠菜焯水，切碎，撒上海苔草本调味海盐，淋上香油，在墨鱼中加入芥末汁和无花果醋。在方形模具中，从下往上，一层豆腐干、一层荠菜末，一层豆腐和一层墨鱼。

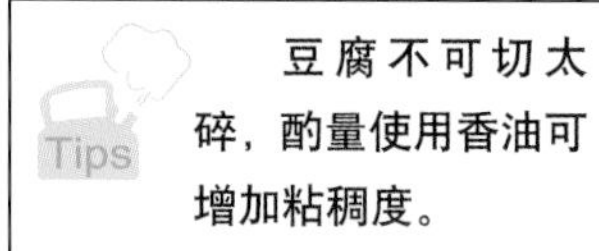

豆腐不可切太碎，酌量使用香油可增加粘稠度。

非鱼籽蜜桃虾

虾仁融合桃香与果香，实在叫人闻之垂涎，食之迷情，思之回味！有人知道那晶莹剔透的东西是什么吗？

材料

虾仁 1袋、黑色豇豆 1把、无锡水蜜桃 1个、小西米1小碗、百合 1个、葱1簇、姜2片、盐1勺、橙汁100克、柠檬醋少许

做法

1 虾仁用盐搓洗，清水冲净

2 桃子用切芒果的方式切成地雷形状，切丁备用

3 豇豆用鸡汤焯水，变软即可，把豇豆慢慢盘起来，用煸过葱蒜的油，加入少许盐，待油微凉后，淋在豇豆上

4 热锅冷油，煸香葱、蒜、姜，放入虾仁煸炒30秒关火，放入一勺柠檬醋

5 西米煮好，放在冷水中，完全冷却，放在橙汁中浸渍30分钟

6 桃子丁放入冷却的豇豆内，再摆放上虾仁和橙汁西米，完成

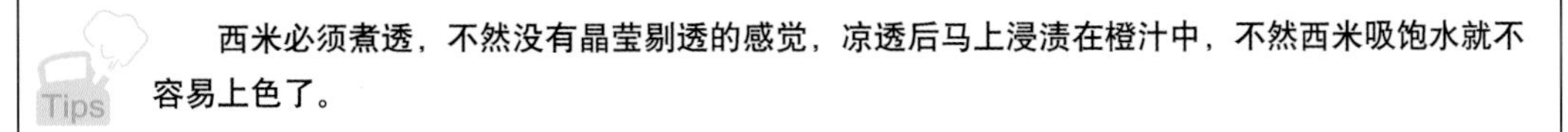

Tips

西米必须煮透，不然没有晶莹剔透的感觉，凉透后马上浸渍在橙汁中，不然西米吸饱水就不容易上色了。

茉莉茶香水晶粽

记得小时候，每到端午都能吃奶奶外婆包的赤豆粽、蛋黄肉粽……

今年动起我们的双手，给挚爱的亲人们一个惊喜的水晶粽吧！

材料

小西米200克、茉莉花茶叶3克、沸水400毫升、陈皮5克、金桔20颗、蔓越莓10克、粽叶50张、冰糖70克、棉绳25根

做法

1 茉莉花茶90度水冲泡，取第二泡茶水，滗去茶叶，放冰糖搅拌融化

2 水温降到60度，倒入西米中，浸泡2分钟，让西米吸入水份

3 陈皮、蔓越莓切碎，混入西米中，金桔对切去籽

4 两张粽叶层叠，弯成圆锥漏斗形，放入步骤3的西米约到圆锥1/3处，压紧

5 放入半颗金桔，再放入西米填平，将粽叶翻折包紧，用棉绳扎紧

6 水煮开，隔水蒸 15 分钟，冷却后，入冰箱冷藏 3 小时品尝

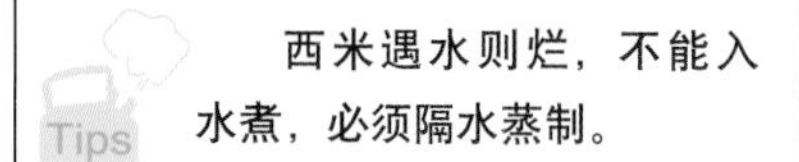

Tips

西米遇水则烂，不能入水煮，必须隔水蒸制。

抹茶草莓大福

每到2.14这个爱的日子，我多少有些凄凉，过去30个年头，几乎都是一个人默默走过。今年，我不是一个人，而是和10对情侣一起制作属于他们爱的甜点。让我突然觉得传播爱，自己也会变得幸福！

（A）糯米粉200克、生粉50克、抹茶粉10克、橄榄油10克、水280毫升、砂糖70克

（B）糖粉30克、淀粉50克

（C）小草莓12个、橄榄油少许

1 将A料全部放在一个盆里，用筷子拌匀，没有气泡为宜

2 微波炉高火 2 分钟，拿出来用筷子搅拌均匀；转中高火 4 分钟，每隔 1 分钟，重复搅拌动作

3 拿出来放到不烫手为宜，B料淀粉微波炉中火2分钟，完全凉透，拌入糖粉待用

4 草莓洗净、去蒂，晾干

5 手上抹上橄榄油，取一块 40 克的面团，揉成圆饼

6 草莓裹一下糖粉，放入圆饼，慢慢用手捏起来，在 B 料的糖淀粉里裹一下即可

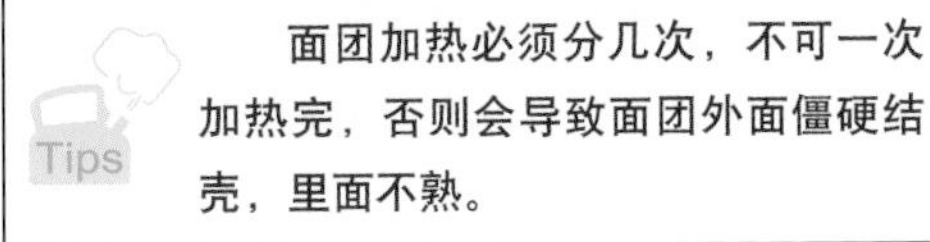

面团加热必须分几次，不可一次加热完，否则会导致面团外面僵硬结壳，里面不熟。

后言

素年锦时

初识鱼菲是五六年前的事了，在当时盛行的博客上，他是绝对的红人，拥有不少的粉丝。一个阳光帅气又能做出艺术品般精致美食的男孩确实夺人眼球。对于我这个金牛座吃货来说，更是无法抗拒一张张充满诱惑的照片。

初见鱼菲，是相识一年后我去上海旅行。那时他还是平面设计师，有着上海男人特有的腼腆和客气。大热天的背着个双肩包，蹬着双帆布鞋来火车站接我，像个没长大的孩子。记得中午是在四川路吃了烤肉，那时的他已然会写一些美食评论来养自己糊口。也同样，那时的我们都在为自己的梦想而奋斗着。着实难以想象，一个热爱美食的平面设计师最后成了职业美食家。人生的旅途恰似如此，冥冥之中，却又有些不经意。

平时称呼鱼菲，喜欢叫他鱼二二或者二二，至于这称呼怎么得来的也并不记得了，可能是出于他的淳朴，好在这个称呼现在看来倒也Fashion。每次去上海，见二二必然是重要的一个环节，吃饭或是下午茶。繁华多变的魔都，能有二二这样一位挚友推荐最新最棒的餐厅，聊聊各自最近的生活和近期的计划，却也是一件幸事。最近二二说要写书，在我这个懒人看来，出书真的就是一个浩瀚的工程。但转念细想，却也并非如此，因为二二在我心中就是一个喜欢捣鼓的人，总能在一个人的捣鼓中自得其乐，同时也取得了不小的成就。一个能把爱好作为工作的人，一定是快乐和“姓福”的。

不论你是否已经认识鱼菲，或是在书店里不经意间喜欢上了这本书，并把它带回家。我相信在读完之后，你都会喜欢上这个帅气并热爱美食的作者。在我看来，鱼菲的真诚、钻研和认真是他最大的禀赋。从今天开始，二二又多了一个让我羡慕的谈资，就是书。青春易逝，用文字记录青春的美好确实美妙。所以，后言的结尾，也不免俗的送上祝福，祝福鱼菲和正在看这本书的你，都能有一段丰富而纯粹的素年锦时。

南京音乐电台 炫动106.6

DJ吉小古